미라클 베드타임

미라클
베드타임

MIRACLE
BEDTIME

아이의 미래가 달라지는 기적의 취침 습관   김연수 지음

다독
다독

좋은 습관은
부모가 자녀에게 물려주는
최고의 선물

10여 년 전, 6세, 4세, 7개월 아이를 기르던 워킹 맘인 내겐 큰 결심이 필요했다. 도와 주는 사람 없이 매일 아침 세 남매를 각기 다른 교육 기관에 맡기고 직장에 출근하고 나면 하루 동안 써야 할 에너지가 모두 소진되었다. 화 내고 소리 지르며 정신없이 보낸 아침 시간이 그날 일과에까지 영향을 미치자, 나는 우리 가족의 생활 패턴을 전반적으로 점검하며 하나씩 개선해 나가야겠다고 마음먹었다. 아침 시간을 확보하려면 우선 자는 시간부터 당겨야 했다. 기상 알람을 설정하듯 취침 시간을 정하고 규칙적인 시간에 잠을 자기 시작했다.

그때부터 10년 동안 세 아이를 매일 저녁 9시에 재웠고, 그로 인한 가족의 변화를 꾸준히 기록하면서 2018년 『9시 취침의 기적』이라는 책을 냈다. 출간 후 독자들의 요청에 힘입어 자녀 교육 온라인 코칭 프로그램 〈미라클 베드타임〉을 운영하게 되었고, 세 아이도 학령기에 접어들었다. 그동안 코칭을 통해 만난 수많은 가정과 그 아이들, 또 내 아이들의 성장 과정을 지켜보면서 규칙적인 시간에 잠들면서 생긴 기적 같은 변화를 체감했다. 이 책은 학령기를 맞은 내 아이들과 다른 가정의 코칭 결과를 토대로, 취침 습관이 아이의 학습 태도와 가족 문화에 미치는 영향력에 주목한다. 한마디로 아이의 자기 주도력과 엄마의 시간적 여유라는 가장 이상적인 육아와 교육 환경을 만드는 방법과 그 중요성에 관한 이야기이다.

취침 시간은 거대한 변화를 위해 세우는 기준일 뿐이다. 코칭 프로그램을 마친 엄마들로부터 받았던 인상적인 피드백들은 다음과 같다. 「아이 일찍 재우는 프로그램인 줄 알고 참여했는데, 아이의 수면 시간은 최종 결과물일 뿐이었습니다. 미라클 베드타임을 실천하면서 아이와의 관계가 개선됐어요. 관계가 개선되니 아이는 스스로 공부하고, 저는 잔소리할 일이 줄었어요. 잔소리를 하지 않으니 아이의 자존감은 물론이고 엄마인 저의 자존감도 올라가는 느낌이에요. 가족이 웃는 시간이 늘었어요.」단 3주 만에도 이런 변화를 느끼는 가정이 많다.

미라클 베드타임은 단순히 아이를 일찍 재우는 수면 프로그램이 아니다. 무엇이든 시작하려면 흔들리지 않는 기준이 필요한데, 육아의 기준을 수면 시간으로 잡을 뿐이다. 기준이 생기면 그것을 지켜 나가는 방식은 각 가정에 맞춰서 얼마든지 바꿀 수 있다. 그리고 당연히 바꿔야 한다. 내 아이가 기준이 되어야 하기 때문이다.

충분한 수면은 모든 아이에게 통하는 육아의 기준이다

부모는 아이의 인생을 대신 살아 줄 수는 없지만 몸과 마음이 건강한 독립된 성인으로 살아가는 데 필요한 습관과 태도는 물려주어야 한다. 어떻게 가르쳐야 할까? 100명의 아이가 있다면 100명의 아이가 모두 다르듯, 아이의 기질이나 환경, 나이, 재능, 강점 등을 고려해 내 아이에게 맞는 방법이 필요한데, 그것을 찾기는 쉽지 않다. 방법을 찾았을 땐 이미 사춘기가 지났거나 아이는 아이대로, 부모는 부모대로 고통을 겪은 뒤인 경우가 많다.

하지만 어떠한 기준을 확고하게 정해 두면 불가능한 일도 아니다. 〈미라클 베드타임〉은 그 기준을 〈아이의 수면 시간〉으로 정한다. 다행히 충분한 수면만큼은 어떤 아이에게도 통하는 기준이 된다. 수면 시간만 철저하게 지켜도 아침에 스스로 일어나고, 충분히 자고 났으니 낮동안 집중력이 올라가며, 자기 전에 주어진 일을 계획하고 실천하는 시간 개념과 자기 주도력이 길러진다. 매일 같은 시간에 잠만 자고도 독립된 성인으로 살아가는 데 필요한 자기 주도력과 근면한 태도가 길러진다니 실천해 보지 않을 이유가 없다.

미라클 베드타임, 육아를 넘어 자녀 교육의 기준이 되다

육아가 끝나기 무섭게 더 치열한 전쟁인 교육이 시작되면 부모와 자녀의 관계는 새로운 국면에 접어든다. 공부는 모든 부모의 관심사이고, 아이를 둘러싼 모든 관계가 공부 과정에 드러난다고 해도 과언이 아니다. 공부를 성적이나 결과로만 접근한다면 여기에 재능이 있는 아이들만 행복할 것이다. 공부에 재능이 없는 아이는 단지 성적이 낮다는 이유만으로 부모와 갈등하며 성장기를 보내고, 친구들 사이에서 주눅 들며, 스스로 잘하는 게 없다고 생각하며 자란다. 한편 많은 부모가 공부 잘하는 아이는 자존감이 높고 부모와 선생님, 친구와의 관계도 좋을 거라고만 생각한다. 그래서 무슨 수를 써서라도 공부 잘하는 아이로 키우려는 욕심에 아이와의 관계를 무너뜨린다.

물론 아이의 학업 능력도 부모의 삶에서 중요하다. 아이의 인생 첫 20년이 대부분 학교에서 이루어지기 때문이다. 다만 우선순위를 잘 정해야 하는데, 〈미라클 베드타임〉의 가치관을 따른다면 우리 삶에 더 중요한 것부터 차곡차곡 쌓을 수 있다.

〈미라클 베드타임〉은 규칙적인 루틴을 장착시키는 가정 환경과 가족 문화를 중시한다. 습관과 정서, 부모와의 관계에 먼저 집중하면 아이가 정말 잘하는 것을 찾을 수 있다. 덤으로 좋은 성적도 주어진다. 초등학생까지는 성실하기만 하면 공부를 곧잘 할 수 있다. 그 이후는 공부도 재능이

미라클 베드타임

아이를 정해진 시간에, 충분히 재우는 단순한 루틴을 통해
아이의 건강한 정서와 자기 주도력은 물론 엄마 삶의 만족도를 높이는 육아법이다.

미라클 베드타임의 가치

아이에겐 습관과 루틴이, 엄마에겐 육아의 기준이 자리 잡는다.

기 때문에 더 잘하는 아이가 있다는 것을 부모는 인정해야 한다. 부모가 할 일은 공부를 어느 정도 해내는 성실함을 키워 주고 이를 바탕으로 본인이 좋아하면서 잘하는 것을 찾고 독립적인 성인으로 살아가는 환경을 마련해 주는 것이다.

한 조사에 따르면 50년 전에는 고등학교를 졸업하면 직장 생활에 필요한 지식의 75퍼센트를 습득했다. 하지만 오늘날은 고작 2퍼센트에 불과하다. 이제는 대학 입시만을 목표로 할 것이 아니라 평생 배우고 성장하려는 의지와 태도를 만들어 주어야 한다. 그래야 아이들이 급변하는 미래에 빠르게 순응하며 자신이 원하는 삶을 살아갈 수 있다.

수많은 자녀 교육서에서 엄마의 행복이 중요하다고 말한다. 무엇을 해야 진정으로 행복할까? 아이가 부모를 우주로 여기는 이 한정된 시기를 어떻게 보내야 훗날 후회 없는 부모의 삶이었다고 돌아볼 수 있을까? 바로 〈루틴이 있는 일상〉에서 답을 찾아야 한다. 규칙적인 생활 속에서 아이가 삶의 리듬을 유지하고, 세상의 규칙을 배우고, 그 규칙을 준수하며 건전한 사회인으로 자기답게 살아가는 법을 자연스럽게 익힐 수 있다면 부모로서의 과정이 어렵지만은 않을 것이다.

냉정하게 생각해 보자. 급변하는 세상에서 어떤 환경이든 빠르게 적응하며 자신의 경험을 경제적 능력으로 전환할 수 있는 몸과 마음을 만들어 주는 것이 자녀 교육의 핵심이라면, 성적은 그리 중요하지 않다. 잘해도 되고, 못해도 된다. 다만 내 아이가 내 아이답게, 성실하고 바르게 자랄 수 있도록은 해줘야 한다. 〈미라클 베드타임〉은 부모가 매일 이 가치를 느끼며 실천하는 삶을 지향한다.

이 책을 덮는 순간 〈아이를 규칙적인 시간에 일찍 재우는 습관부터 시작해 봐야겠다〉, 〈우리 집도 미라클 베드타임을 해봐야겠다〉는 생각이 든다면 이 책은 그 역할을 다한 것이다. 각 가정의 상황에 맞게 미라클 베드타임을 실천하다 보면 일관된 취침 습관이 주는 삶의 좋은 변화들을 경험할 수 있다. 품 안에서 꼬물거리던 아이가 온전히 자신의 삶을 살아가는 모습을 볼 수 있다면 부모로서 그보다 큰 보람은 없지 않을까? 그 보람, 함께 누리길 소망한다.

2021년 봄

김연수

차례

취침 시간이 왜 중요한가

Miracle
Bedtime
2부

취침 습관을 어떻게 만드는가

Miracle
Bedtime

3부

취침 습관은 아이의 학습 태도에 어떤 영향을 주는가

Miracle
Bedtime

4부

취침 습관은 가족의 일상을 어떻게 변화시키는가

Miracle
Bedtime

1부

취침 시간이
왜 중요한가

☐ 육아의 기준과 목표 세우기

☐ 취침 시간 정하기

규칙과 시스템을 만들면 육아가 편해진다

1장

○ 육아가 제일 힘들다고 말하는 엄마들

서희 씨는 13년차 커리어 우먼으로 직장에서 인정받으며 승승장구 중이다. 친정 엄마의 도움으로 집안 살림에도 그리 큰 부담을 느끼진 않는다. 하지만 9세, 7세인 진성과 진규 형제의 육아와 교육만은 큰 난관이다. 솔직히 서희 씨의 38년 인생에서 처음으로 겪어 보는, 해결의 실마리가 보이지 않는 어려움이다. 코로나19로 큰아들은 초등학교 2학년을 대부분 집에서 보냈는데, 예상치 않게 생긴 긴 시간 동안 아이가 주도적으로 하는 것이 많지 않다는 것을 알게 되었다. 아이의 모든 일정을 엄마가 늘 여러 번 말하고 챙겨야 겨우 해내고 있으니 말이다. 매일 퇴근길에 집에 가서 아이들에게 화내지 않겠다고 다짐한다. 그러나 막상 아이들을 마주하면 잘한 것은 보이지 않고, 아직 해놓지 않은 일만 눈에 보인다. 점점 아이 공부 봐주는 일도 버겁고 아이도 공부에 흥미를 잃어 가는 것 같아 걱정이다. 그뿐이겠는가. 두 형제가 다투는 횟수도 늘어나는데 유독 진성이의 말투가 서희씨를 닮아 간다. 인정하고 싶지 않지만, 본인의 짜증 내는 모습을 큰아들이 그대로 따라 하는 걸 보면 두렵기까지 하다. 하루 종일 엄마 없이 잘 지낸 아이에게 고맙다는 말을 해도 아까울 시간에 소리를 지르는 자신의 모습에 또 화가 난다. 이러니 매일 서희 씨는 잠든 아이를 보며 미안해하고, 아침에 눈뜨면 다시 화내는 일상을 반복한다. 직장에서는 일하는 만큼 성과가 나고 경력도 쌓이는데, 엄마로서의 경력은 10년이 다 되도록 발전은커녕 제자리걸음이다.

다른 케이스도 있다. 슬아 씨는 딸 희주를 낳으면서 육아에 전념하는 중이다. 결혼 전에는 영어 강사로 일하며 직장에서 인정받았지만 지금은 온전히 다섯 살 희주의 엄마로만 살아간다. 슬아 씨는 자라면서 엄마에게 받았던 트라우마와 내적 상처를 딸에게 물려주고 싶지 않아 많은 것을 허용하면서 키웠다. 원하는 것을 채워 주고 사랑을 주면 그만큼 밝고 건강하게 자랄 줄 알았지만 갈수록 고집이 세지면서 훈육이 통하질 않는다. 이제 와서 규칙을 만들고 가르치려니 아이는 생전 경험해 보지 못한 엄마의 통제가 견디기 힘들다. 무엇부터 가르쳐야 할지, 슬아 씨는 고민이 많다.

아이는 낳기만 하면 쑥쑥 잘 크는 줄 알았다. 〈남들은 아이를 쉽게 잘 키우는 것 같은데 나만 왜 육아가 이리도 어려운 걸까?〉 아이 키우면서 이러한 고민을 해보지 않은 사람은 없다. 그 어려운 공부도 해냈고, 남자들도 힘들어 하는 하는 회사에서 인정도 받았다. 살아오면서 완벽하지는 않더라도 마음먹고 도전하면 어느 정도 성과를 올리며 살아왔는데, 엄마라는 역할은 왜 이렇게 힘들까? 〈엄마도 엄마가 처음이라서 잘 모르겠어〉라는 말만 자신 있게 할 뿐, 잘하는 건지 아닌지조차 모르겠다. 그렇기에 늘 타인의 시선, 타인의 속도가 신경쓰인다. 밤새도록 맘 카페에 들어가 다른 엄마들의 경험담에 휘둘리기도 하고 불필요한 교구와 교재, 사교육으로 아이를 피곤하게 만들기도 한다.

시간이 흐르면 좀 나아질까? 아이가 크면 좀 낫다는 사람도 있지만 클수록 더 힘들어진다는 사람도 있다. 공부, 진로, 취업, 결혼 등 아이가 넘어야 할 고개는 많다. 부모가 어떻게 해줄 수 없는 이런 일들에 비하면 먹이고 입히고 습관을 잡아 주는 일이야말로 엄마의 몸이 고단할 뿐 지극히 단순한 일이다. 희소식인 듯 아닌 듯한 이 말을 위안으로 삼고 엄마는 아직 갈 길이 먼 아이를 위해서, 함께 성장하는 방법을 찾아야 한다.

미국의 35대 대통령 존 F. 케네디의 어머니인 로즈 케네디 여사는 이렇게 말했다. 「나는 아이 키우는 것을 부모의 의무만이 아닌 하나의 지적인 작업으로 본다. 그것은 세계의 어떤 명예로운 전문직 못지않게 흥미롭고 도전적이며, 내가 가진 모든 재능과 능력, 힘을 요구하는 일이다.」 곱씹어볼수록 근사한 말이다. 아이를 마주할 때마다 하루에도 몇 번씩 감정이 널을 뛰고 숨겨진 인성 밑바닥이 드러나는데 로즈 여사는 부모됨이 세계의

어떤 명예로운 전문직 못지않게 흥미롭고 도전적이라고 한다. 과연 전문가가 되기 위해서, 어디에서부터 무엇을 시작해야 할까?

한 가지 확실한 것은 지금 자녀와의 관계에서 어떤 문제를 가지고 있든, 지금처럼 되는 대로 살았다가는 결코 문제가 저절로 해결되지 않는다는 것이다. 물론 시간이 해결해 주는 것도 있다. 곪아서 터지는 것도 해결이라면 해결이니까. 하지만 이런 해결을 바라는 부모는 없다.

자신의 인생을 돌아보자. 지금까지 살아오면서 목표를 설정하면 어느 정도는 이룰 수 있었다. 내가 주인인 내 인생이었기 때문이다. 하지만 부모의 역할이 만만치 않은 이유는 한정된 기간이기는 해도 아이의 양육자, 조력자, 보호자로서 살아가는 것이지 내 인생을 살아가는 것이 아니기 때문이다. 그러니 지금까지 내가 살아온 방식대로 열심히만 해서는 안 된다. 우선 시선을 바꿔야 한다. 아이의 인생 목표를 내가 설정하고 아이를 나의 눈높이로 끌어올리려고 애쓸 것이 아니라, 아이의 시선에 나의 시선을 맞춰야 한다.

더 중요한 것은 아이가 스스로 본인의 시선에 맞게 살아가도록 가르치는 것이다. 자전거를 예로 들면, 부모의 역할은 아이가 스스로 자전거를 탈 수 있을 때까지 아이의 눈높이에 맞춰 몸을 낮추고 뒤에서 붙잡아 주는 것이다. 스스로 자전거 페달을 밟고 바퀴를 서서히 움직여 나갈 수 있다면 그것만으로도 충분히 강력한 삶의 무기가 된다. 이러한 조력자로서 부모의 역할을 지치지 않고 끝까지 해내는 힘은 바로 좋은 육아 환경에서 나온다. 먼저 잠자는 시간부터 생각해 보자.

○ 시간 컨트롤과 감정 컨트롤

아이를 규칙적인 시간에 일찍 재우면 엄마도 자기만의 시간을 가질 수 있어 육아에서 오는 피로가 줄어든다. 그러면 감정 조절이 한결 쉬워진다. 시간의 컨트롤이 곧 감정의 컨트롤이다. 엄마가 여유를 가지고 아이를 대하면 아이와 엄마에게 행복한 순간이 늘어난다. 단순하지만 실천이 어렵다. 하지만 이 과정을 반복하면 어느 순간 너무도 편해서 포기할 수 없는 육아 수칙이 된다.

엄마는 매일 밤 잠든 아이를 보면 괜시리 미안한 마음이 생기면서 더 좋은 엄마가 되겠다는 다짐을 한다. 하지만 다음 날이 되면 그 다짐은 현실 속에서 여실히 무너진다. 아이에게 소리 지르고 화 내면서 같은 일상을 반복한다. 그러다 밤이 되면 또 어떤가? 아이에게 다시 미안한 마음이 든다. 하지만 엄마의 이런 모습은 자연스럽다. 인간은 95퍼센트의 무의식과 단 5퍼센트의 의식으로 살아간다고 하니, 아무리 결심하고 애를 써도 5퍼센트가 95퍼센트의 무의식을 이기기는 어렵다.* 그래서 우리에겐 생각을 바로 행동으로 옮기게 할 일종의 트리거(방아쇠)가 필요하다. 미라클 베드타임은 조금 더 좋은 엄마가 될 수 있는 물리적인 자극, 즉 트리거 역할을 한다. 아이의 마음을 먼저 살필 수 있게 해주고, 있는 그대로 이해할 수 있게 한다.

우리는 살면서 이미 가지고 있는데도 잘 사용하지 못하는 게 있다. 바로 시간과 감정이다. 시간은 우리 모두에게 공평하게 주어지지만 어떻게 사용할지는 개개인의 선택에 달려 있다. 감정도 우리가 선택할 수 있는 자산 중의 하나다. 그럼에도 불구하고 시간을 잘 활용하고 감정을 잘 조절하는 일은 쉽지 않다.

육아를 하면서 감정 조절이 어렵고, 내 존재가 없어지는 느낌이 들면서 무기력해질 때 어떻게 해야 할까? 음악을 들으라는 사람도 있고 분위기 좋은 곳에 가서 맛있는 것을 먹고 오라는 사람도 있다. 물론 그런 시간들이 내 삶에 순간적인 에너지는 줄 수 있다. 하지만 근본적인 문제를 해결하지

---

* 문성림, 『컨셔스』(서울: 미디어숲, 2020), 155쪽.

는 못한다. 근본적인 것이 해결되지 않는 이상, 카페인이 든 음료수를 마시고 잠깐 나는 기운 같은 일시적인 효과만으로는 평생을 만족하며 살 수 없다. 미라클 베드타임이 미라클한 이유는 아주 간단한 원칙으로 엄마에게 시간적 여유를 만들어 주고, 이로 인해 그토록 어려운 감정 조절이 쉬워지기 때문이다.

○ 아이와 함께하는 시간은 양보다 밀도

미라클 베드타임은 엄마의 행복에 주목한다. 아이를 일찍 재운 뒤 엄마가 충분히 잘 자고, 잘 쉬면 몸과 마음이 편안해진다. 이런 여유와 쉼이 엄마에게 규칙적으로 생길 때, 비로소 〈육아가 할 만하네…〉라는 생각이 든다. 그런 다음 어떤 변화가 일어날까? 미라클 베드타임 코칭을 받은 한 엄마는 매일 밤 11시 넘어 자던 아이들이 9시에 잠드는 생활을 일주일 정도 하자, 엄마를 위한 자기 계발 프로그램은 없느냐는 문의를 해왔다. 〈엄마〉가 아닌 〈자신〉을 바라볼 여력이 생긴 것이다. 엄마도 한 인간으로서 얼마든지 꿈꿀 수 있고 꿈꿔야 한다. 엄마가 꿈꾸지 않으면 그 열정이 아이에게만 집중될 수 있다. 엄마는 엄마의 꿈을, 아이는 아이의 꿈을 꿀 때 온 가족이 온전히 건강하게 성장한다.

아이와 긴 시간을 함께하면서 힘들어하지 말자. 정해진 루틴에 따른다면 짧은 시간이라도 효율적으로 사용할 수 있고, 그렇게 육아에서 오는 피로

감을 최소화할 수 있다. 긴 시간을 함께해야만 아이가 엄마의 사랑을 느끼는 것도 아니다. 아이는 단 5분이라도 사랑받는 느낌을 받을 수 있는 밀도 있는 접촉을 필요로 한다.

육아가 그토록 힘들었던 이유, 그토록 소중한 내 아이가 예쁘지만은 않았던 이유는 따로 있다. 세상은 빠르게 흘러가는데 나만의 시간은 없고, 나만 정체되어 있는 삶을 살아간다고 생각했기 때문이다.

열 번 잘하다가 한 번 욱하는 엄마보다는 열한 번째도 기꺼이 기다리고 참을 줄 아는 엄마가 되어야 한다. 시간과 감정에 여유가 생기면 그 기다림을 실천할 수 있다.

학원을 운영하며 많은 아이를 만나는 한 선생님이 미라클 베드타임을 실천하면서 해준 이야기가 있다. 「안정감이 느껴지고, 태도와 눈빛이 남다른 아이들이 있어요. 예전부터 건강과 수면에 관심이 많기도 해서 그 아이들에게 〈너는 몇 시에 자니?〉라고 물어보면 꼭 9시는 아니더라도 적어도 10시 전에 잠자리에 든다는 대답이 대부분이었어요. 평소 수업 시간에 산만하고 집중을 못하는 아이에게 몇 시에 자냐고 물어보면 대답을 잘 못해요. 가정에서 기준이 없으니 당연히 대답을 못하죠.」

일본의 기업가 요시코시 고이치로는 그의 저서 『모든 일에 마감 시간을 정하라』에서 사람은 근본적으로 〈게으름뱅이〉라서, 시간이 충분하다고 생각하는 순간 귀찮은 일은 뒷전으로 미루게 된다고 한다. 시간을 한정했을 때 집중력이 향상되고 일의 완성도도 높아지기에 마감 시간은 필수라고 말한다. 많은 사람이 기상 시간 알람은 세팅하지만, 잠자리에 드는 시간을 정하지는 않는다. 우리의 삶에 매일매일 마감 시간을 둔다는 의미로 잠자리에 드는 시간을 정해 보면 어떨까?

취침 시간을 신용 카드와 체크 카드에 비유해 보자. 신용 카드를 사용하면 별로 쓴 것도 없는 것 같은데 한 달 뒤 결제 금액이 늘 예상보다 많다. 이런 문제를 방지하고자 알뜰한 생활을 하는 사람은 신용 카드를 없애고, 체크 카드를 사용한다. 꼭 필요한 만큼만 넣어 놓고, 거기에 맞춰서 생활하는 것이다. 처음엔 어려운 듯해도 막상 정해진 한도 내에서만 살라고 하면 금방 적응한다. 나중에는 저축까지 하는 신공을 발휘하기도 한다. 우리의 수면도 마찬가지다. 취침 시간을 정해 놓고 생활하면 처음엔 어렵지만 금세 정해진 시간 안에 해야 할 일을 부지런히 하거나 생활을 단순화시키는 등 자신만의 방법을 찾아간다. 반면, 취침 시간을 정해 두지 않으면 별로 쓰지도 않은 것 같은데 쌓여 가는 카드 값처럼, 별로 한 것도 없는데 늘 시간 부족에 허덕이며 살게 된다. 잠자는 시간을 체크 카드처럼 바꿔 보면 어떨까? 매일 잠자는 시간만 정해 두고 생활해도 낮 시간의 몰입도가 달라진다. 하루가 달라지면 인생이 달라질 수 있다.

모든 습관은
취침 시간이 결정한다

2장

○ 취침 시간이 육아의 기준이 되는 이유

수면 욕구가 채워져야 시간의 주인이 된다

수면은 하루 일과 중 가장 긴 시간을 차지하는 만큼 우리 생활에서 매우 중요하다. 그럼에도 우린 종종 수면의 중요성을 간과한다. 1986년 1월 28일, 미국 우주선 챌린저호가 전 세계인의 이목을 끌며 발사된 지 불과 73초 만에 폭발했는데, 그 배경에는 NASA의 핵심 관리자가 스케줄에 대한 압박으로 수면 부족의 상태였다는 사실이 있었다. 우주선 발사라는 희대의 사건에 NASA와 같은 엘리트 집단이 불규칙적인 업무 시간과 그에 따른 수면

26

부족으로 잘못된 판단을 내린 것이다.[*]

누구나 잠을 충분히 자지 않으면 다음 날 컨디션 조절이 어렵고 쉽게 짜증이 난다. 아이도 마찬가지다. 유난히 짜증이 많고 징징거리는 날, 낮잠만 푹 재워도 개운히 일어나 차분히 자기 할 일을 하는 모습을 본 적 있을 것이다. 육아는 그 지점에서 시작해야 한다. 컨디션이 좋지 않아서 집중하지 못하고 짜증 내는 아이에게 〈오늘따라 왜 이렇게 징징거리느냐〉고 같이 짜증을 내지는 않았는지 돌이켜 보자. 아이의 짜증에는 이유가 있다. 일일이 다 대처하려고 하기보다는 일단 잘 재우는 것이 중요하다. 유아에게만 해당되는 말이 아니다. 나는 고등학생인 딸에게도 틈만 나면 자라는 말을 한다. 잘 자고 일어나면 대부분 컨디션이 좋아지기 때문이다.

기본적으로 수면 욕구가 채워져야 시간의 주인이 된다. 시간 관리의 세계적 권위자인 하이럼 스미스는 시간에 대해 이렇게 말한다. 「인생을 컨트롤한다는 것은 시간을 컨트롤한다는 것이고, 시간을 컨트롤한다는 것은 인생에서 벌어지는 사건을 컨트롤한다는 것이다.」 세계적으로 성공한 사람들의 공통적인 특징을 이야기할 때도 시간 관리 능력은 빠지지 않는다. 취침 습관이 자리 잡히면 시간 관리 능력은 저절로 생긴다.

잠자는 동안 아이는 똑똑해진다

충분한 수면은 건강과 좋은 컨디션을 위한 첫째 조건이다. 수면 시간이

---

[*] 황병일, 『우리에게 잠자는 8시간이 있다』(서울: 이담북스, 2019), 19쪽.

하루 30분만 줄어도 기분이 좋지 않고, 집중력이나 문제 해결 능력, 자기 조절 능력에 문제가 생기며 지능도 떨어진다고 하니 수면의 중요성을 강조하지 않을 수 없다.[*]

잠을 잘 잔다는 것은 어떤 것일까? 기본적으로 다음 세 가지 요소가 모두 충족되어야 하는데 첫째, 중간에 깨지 않아야 한다. 둘째, 나이에 맞는 적정 수면 시간을 지켜야 한다. 셋째, 자고 난 뒤 개운하게 일어나야 한다. 아이들은 잠을 제대로 못 잤거나 잠이 부족하면 그 상황에 적응하거나 몸을 회복하지 못하고 성장 발육과 학습 능력 발달이 느려진다고 한다. 아이의 수면에 더욱 신경써야 하는 이유다.[**]

무엇을 하며 살아가든, 학습 능력은 우리의 삶에 중요한 역할을 한다. 성공적인 삶을 위해 절대적으로 필요한 능력이기도 하다. 뇌에 들어온 정보를 모으고 분석하는 일을 학습이라고 하는데, 학습과 수면은 구체적으로 어떤 관계가 있을까?

우리의 뇌는 수면 중에도 바쁘게 움직이며 낮 시간에 학습했던 내용을 다시 정리하고 다음 날 새로 들어올 정보를 담아 내기 위해 불필요한 정보를 지운다. 전두엽은 외부에서 들어온 정보를 처리하고, 측두엽은 정리된 정보를 저장하는 창고 역할을 한다. 예를 들어 수학 공부를 해야겠다고 마음을 먹으면 이 사고는 전두엽에서 비롯되고, 수학 문제를 풀기 위한 개념

[*] 샤론 무어, 『좋은 잠 처방전』, 함현주 옮김(서울: 유월사일, 2020), 50쪽.
[**] 샤론 무어, 위의 책, 70~72쪽.

이나 관련 정보는 측두엽에서 꺼내는 것이다. 공부를 한다는 것은 측두엽과 전두엽이 끊임없이 교류하며 상황에 알맞은 정보를 꺼내 오는 과정이다. 따라서 창고를 왔다 갔다 하는 과정도 자연스러워야 하지만, 꺼내 쓰기 좋게 창고 정리가 잘 되어 있어야 적재적소에 필요한 정보를 찾아 쓸 수 있다.[*] 잠자는 동안 뇌가 측두엽에 저장하고 정리를 하기 위해서는 낮에 활발하게 활동하고 열심히 공부하는 것도 중요하지만, 밤에 잘 자는 것도 매우 중요하다는 뜻이다.

연령별 권장 수면 시간을 알아 두자

40년간 임상 실험을 해온 수면 연구가이자 언어 병리학자 샤론 무어는 그의 저서 『좋은 잠 처방전』에서 충분히 잘 것인지, 수면 부족 상태로 살 것인지는 선택의 문제가 아니라고 한다. 잠을 잘 자야 성장 발달이 이루어지고, 신체 기능이 정상적으로 조절되며, 질병으로부터 안전하다. 또한 잠을 충분히 못 자고도 밝은 모습을 보이는 아이들은 제대로 성장하는 것처럼 보여도 실제로는 아이가 가진 능력을 최대로 발휘할 수 없다.[**] 잠을 잘 자면 아이가 지금보다 더 높은 성과를 낼 수 있다는 말이다.

호주의 케이트 윌리엄스 교수는 2004년에 태어난 2천800여 명의 아이들을 대상으로 이들이 만 6~7세가 될 때까지의 수면 행동을 분석했다. 아

---

[*] 매슈 워커, 『우리는 왜 잠을 자야 할까』, 이한음 옮김(파주: 열린책들, 2019), 131~137쪽.
[**] 샤론 무어, 앞의 책, 110~113쪽.

연령별 권장 수면량(낮잠 포함)

	너무 적은 범위			너무 많은 범위
신생아 0~3개월		11~13	14~17	18~19
영아 4~11개월		10~11	12~15	16~18
유아 만1~2세		9~10	11~14	15~16
원아 만3~5세		8~9	10~13	14
초등 만6~13세		7~8	9~11	12
중고 만14~17세		7	8~10	11
청년 만18~25세	6	7~9	10~11	
성인 만26~64세	6	7~9	10	
노인 만65세 이상	5~6	7~8	9	

■ 수면량 적당하다고 보여짐   ■ 수면량 권장 범위

출처: National Sleep Foundation

이들이 만 5세가 되자 70퍼센트가 스스로 잠들고 수면을 지속할 수 있었지만, 나머지 30퍼센트는 스스로 잠을 통제하지 못해서 시간이 지날수록 발육에 부정적인 영향을 받았다. 결론적으로 수면 습관이 만 5세까지 해결되지 않을 경우 학교생활에 제대로 적응하지 못할 수도 있다. 단순히 밤 9시 30분 이전에 잠자리에 드는 습관으로도 평소의 문제 행동이 개선될 수 있으며, 밤에 깼다가도 스스로 다시 잠들 수 있었던 아이들이 그러지 못했던 아이들보다 더 쉽게 학교생활에 적응했다.[*]

---

[*] 샤론 무어, 앞의 책, 54~55쪽.

9시 30분 이전에 잠자리에 드는 습관만으로도 아이의 문제 행동이 개선될 수 있다고 하는데, 그렇다면 총 몇 시간을 자야 할까? 같은 연령대라도 필요한 수면 시간이 다르지만, 미국 수면 의학회에서 제시하는 기준은 왼쪽의 표와 같다.

○ 어제의 습관에서 결정되는 오늘의 성공

모두에게 24시간은 공평히 주어진다. 하지만 시간을 주도하는 가정이 있는가 하면 시간에 쫓기듯 사는 가정이 있다. 7세 규원이와 6세 승민이의 하루를 비교해 보자.

7세 규원이의 유치원 등원 시간은 오전 9시, 지각하지 않으려면 늦어도 8시 40분에는 집을 나서야 한다. 규원이의 취침 시간은 매일 다르긴 하지만 평균 10시 30분에서 11시쯤이다. 규원이는 아침에 쉽게 일어나지 못한다. 엄마는 곤히 자는 아이를 깨우기가 안쓰러워 스스로 일어나길 기다렸다가 등원 시간 30분을 남기고 어쩔 수 없이 깨운다. 하지만 규원이는 꿈쩍도 하지 않는다. 점점 마음이 급해진 엄마는 목소리 톤이 올라가고 날카로워진다. 눈도 뜨지 못하는 아이를 안고 화장실로 들어가 대충 얼굴을 닦인다. 투덜거리며 하루를 시작한 규원이는 아침밥도 제대로 먹지 못한 채 옷만 대충 갈아입고 엄마의 성화에 못 이겨 집을 나선다. 엘리베이터 버튼을 누르자 마침 14층 규원이네 아랫집에서 엘리베이터가 내려가기 시작한다.

「에이 씨. 늦었는데 한참 기다려야겠네. 짜증 나.」

「〈에이 씨, 짜증 나〉 이런 말은 예쁜 말이 아니지! 예쁜 말을 써야지! 오늘 수요일인데 동시 쓰기 책은 챙겼어?」

「아, 맞다.」

자주 있었던 일인 듯 엄마의 몸이 자동으로 집을 향한다. 현관문이 쾅 하고 닫힌다. 엄마의 짜증 난 표정, 큰 소리를 내며 닫힌 무거운 현관문 앞에서 혼자 남은 규원이의 마음에 어두운 그림자가 드리운다. 다시 뛰어나온 엄마의 오른손에 규원이의 동시책이 들려 있다. 엄마의 짜증 섞인 한마디가 더해진다.

「어젯밤에 미리 챙겨 놓으랬지!」

매일 아침 규원이네 집은 대략 이런 모습으로 시작한다.

아침을 일찍 시작한다면 상황이 어떻게 달라질까?

6세 승민이네 집은 매일 저녁 8시가 되면 거실과 부엌의 불이 꺼진다. 내일 준비물을 현관 앞에 미리 챙겨 두고 승민이와 엄마는 승민이 방에 들어가 책을 읽거나 이야기를 하며 차분한 시간을 보낸다. 방에 들어왔지만 승민이에게는 아직 하고 싶은 일을 더 해도 되는 자유가 남아 있다. 조용히 블록 놀이를 하는 승민이 옆에서 엄마는 책을 읽거나 승민이가 원하면 책을 읽어 주기도 한다. 좋아하는 일에 몰두하는 아이를 보며 엄마는 가끔씩 추임새만 넣는다.

「오늘 만드는 건 뭐야? 엄마가 보기엔 달나라로 올라갈 로켓 같은데?」

엄마와의 관계에서 충분히 존중과 인정을 받은 아이는 엄마가 그만 자자고 말하면 〈네〉라고 말하며 순응한다. 방금 전까지도 쌩쌩하던 아이가 자리에 눕자 금세 잠이 든다. 행복한 꿈을 꾸는 것 같다. 엄마가 이불을 매만지고 방을 나와 시계를 보니 밤 9시다.

다음 날 아침, 엄마는 승민이를 깨우지 않는다. 일찍 잠자리에 든 아이는 깨우지 않아도 알아서 일어난다. 매일 어김없이 아침 7시쯤 일어나는 것으로 보아 승민이의 수면 시간은 10시간 정도다. 유치원에 가기 전까지는 아직 1시간 30분 넘게 시간적인 여유가 있다. 승민이의 아침 루틴은 베란다에 나가 창밖을 보며 아침 풍경을 확인하는 것이다. 그림책 『구름 빵』에 푹 빠져 있는 승민이는 구름을 보며 상상에 빠진다. 그러고는 부엌에서 일하는 엄마에게 날씨를 전한다. 「엄마 오늘 구름은… 음… 먹구름이에요. 우산을 챙겨야겠어요!」 6세 꼬맹이가 엄마를 먼저 챙긴다.

아침 식사를 준비하는 엄마 옆에서 그림책도 한 권 읽는다. 아이들은 자유 시간이 주어지면 좋아하는 일을 자연스럽게 한다. 책을 읽을 때의 좋았던 기억으로 승민이는 엄마가 시키지 않아도 스스로 책을 읽는다. 아침을 맛있게 먹고 등원하기 전까지 해야 할 일들을 척척 해낸다. 워낙 어릴 때부터 자신만의 루틴을 지켜 왔기 때문이다. 엄마와 승민이는 유치원 버스가 집 앞에 도착하기 전에 집을 나선다. 버스를 타기 전 승민이가 매일 즐겨 하는 루틴이 있다. 개미도 관찰하고, 계절에 따라 변하는 나뭇잎도 확인한다. 승민이의 아침은 서두르거나 급할 것이 없다. 여유로움 속에서 세상을 관찰하느라 승민이의 호기심 주머니가 바쁠 뿐이다.

이처럼 규원이와 승민이의 아침은 매우 다르다. 우리 집은 어떤 모습에 가까울까? 미라클 베드타임의 가치를 이해하고 실천하는 가정은 대부분 승민이네처럼 살아간다. 여유로운 아침은 특별한 가정만 누릴 수 있는 특권이 아니다. 일찍 잠들면 누구나 가능하다. 일찍 잠들기 위해서는 더 중요한 일에 우선순위를 두는, 단순한 삶에 관심을 가져야 한다.

○ 부모의 실천이 우선

많은 부모가 아이의 행동을 개선해야 한다고만 생각하고 본인이 바뀌어야 한다는 생각은 하지 못 한다. 아이는 엄마의 말을 듣기보다 행동을 보고 따라한다. 말로 지시하기보다 환경을 만들고 모범을 보여야 하는 이유이다. 아무리 자라고 말해도 자려고 하지 않는다면 잘 수 있는 분위기를 만들어 주는 게 우선이다. 퇴근한 아빠에게 인사도 하지 않는 아이가 걱정이라면 엄마가 먼저 현관에 나가 남편을 맞이하면 된다. 늘 짜증을 내는 아이가 걱정이라면 아이가 본인의 모습을 인지할 수 있도록, 짜증내며 했던 말을 다시 정리된 문장으로 차분하게 말해 주며 마음을 읽어 주면 된다.

『성공하는 사람들의 7가지 습관』의 스티븐 코비 박사는 어떤 상황이 변하길 바란다면 우리가 변화시킬 수 있는 단 하나, 바로 자기 자신에게 초점을 맞춰야 한다고 말한다. 지시하면 잔소리가 된다. 잔소리로는 아이의 마음을 움직일 수 없다. 즉 말을 해도, 말을 하지 않아도 원하는 결과는 얻지 못한다. 엄마로서는 매우 난감하다. 〈아이의 변화를 위해 부모인 내가 당장

할 수 있는 일은 무엇일까?〉라는 질문부터 품어야 한다. 옆집 아이는 공부도 잘하고 피아노도 잘 치는데 왜 너는 학습지 한 장도 스스로 못해서 엄마를 화나게 하느냐는 식으로 질책해서는 상황이 나아지지 않는다.

아이의 10년 뒤를 상상하며 신뢰를 쌓자

아이와 함께하는 매 순간이 소중하다. 엄마들에게 아이가 10년 뒤 어떤 모습으로 성장해 있길 바라느냐고 물으면 기말고사에서 100점을 맞았으면 좋겠다거나, 피아노 콩쿠르에 나가서 상을 받으면 좋겠다는 대답을 하는 사람은 한 명도 없다. 10년이라는 다소 긴 기간을 제시했기에 대부분의 부모는 큰 그림을 그리며 아이의 미래를 상상한다. 〈독립적이면서도 건강한 청년으로 성장하면 좋겠어요〉, 〈행복을 누릴 줄 아는 따뜻한 사람이면 좋겠어요〉라고 대답한다. 그럼에도 불구하고, 방금 전까지 무엇 때문에 마음을 졸였느냐고 물으면 아주 사소한 일로 아이에게 엄마의 부정적인 감정을 쏟아 냈다고 고백한다. 「그깟 물, 그냥 수건 주면서 닦으라고 하면 될 것을, 물 좀 쏟은 걸 가지고 조심성 없다고 버럭 소리를 질렀어요.」 「어제 가르쳐 준 수학 연산을 아직도 이해하지 못했다며 윽박질렀어요.」 불과 하루만 지나도 기억나지 않을 사소한 일인데 부모는 왜 매 순간, 참지 못할까?

화가 날 때 아이의 10년 뒤를 상상하면 화가 조금은 누그러진다. 지금 잠깐 눈을 감고 아이의 10년 뒤를 그려 보자. 어떤 모습일까? 엄마보다 훌쩍 커버린 아이, 생각만 해도 든든할 것이다. 감정 조절이 어려울 때 아이의 10년 뒤를 상상하며 아이를 조금 더 귀한 손님처럼 대하길 권한다. 성인이 된 아이가 거리낌 없이 엄마를 부르고, 엄마가 끓여 준 김치찌개가 먹고 싶었다고 말하는 모습을 상상해 보자. 그럼 지금 당장 하지 않아도 될 일, 필요한 말과 불필요한 말이 명확해진다. 바로 앞에 주어진 현실만 바라보면 아이를 다그치고 윽박지르게 되지만, 성인이 된 내 아이와의 관계를 그려 보면 여유로운 마음으로 아이를 존중할 수 있다.

미라클 베드타임 코칭을 받은 엄마들은 〈혀를 깨문다〉, 〈매직 립〉이라는 표현을 쓴다. 아이의 행동 변화를 이끌어 내지 못 할 말들을 습관처럼 내뱉지 않겠다는 의지의 표현이다. 아이에게 늘 말로 상처를 주고는, 기가 죽어 있는 아이의 자신감을 키워 주기 위해 태권도 학원을 기웃거리고 있지는 않은가? 먼저 달라져야 할 사람은 아이가 아닌 부모이다.

○ 학년이 올라갈수록 더 중요한 취침 습관

코로나19 감염병 확산으로 온라인 학습 비중이 늘어나면서 부모도, 아이도 힘든 시간을 보내고 있다. 학교에서 하는 활동을 집에서 하니 부모가 신경 써야 할 게 한두 가지가 아니다. 아이 옆에는 컴퓨터와 스마트폰이 항상 있다. 아이에게는 보물 창고가 함께 있다고 볼 수 있지만, 부모에게는 수많은 유혹으로부터 아이를 지켜야 하는 상황이다. 부모의 고민이 늘고 있다.

요즘 아이들은 스마트폰을 신체의 일부처럼 사용하는 세대, 스마트폰 없이는 살기 어려운 포노사피엔스가 맞다. 공부하려고 책상 앞에 앉아도 클릭만 하면 다른 세상으로 빠질 수 있다. 따라서 이를 건강하게 사용하도록 지도하는 것이 부모의 책임이고 역할이다.

초등학교 저학년까지는 멀티미디어 사용 통제가 어느 정도 가능하다. 그러나 학년이 올라갈수록 통제하기 어렵고, 하려고 하면 싸움만 된다. 초등학교 고학년의 경우 온라인 수업 시간에 스마트폰으로 접속해서 출석한 것처럼 해놓고 컴퓨터로 게임을 하는 아이도 있다. 저학년일 때는 아이가 안전하게만 있어도 고마웠다면 고학년이 되면서부터 부모의 고민은 완전히 달라진다. 스마트폰, 게임과의 전쟁이 본격적으로 시작된다.

초등학교 고학년 이상의 자녀를 둔 부모 중에 자녀의 멀티미디어 기기 사용에 대해 고민하지 않는 사람은 없을 것이다. 중학생만 되어도 아이가 부모보다 늦게 자는 가정이 많다. 공부할 게 남아서 잘 수 없다는 아이를 채근할 수 없는 게 부모의 마음이다. 문제는 여기에서 시작된다. 모든 아이가 그런 것은 아니지만, 밤 늦게까지 혼자 깨어 있다 보면 아무래도 유혹이 많다. 〈한 개만 봐야지, 한 판만 해야지〉 하고 시작하지만 하다 보면 새벽까지 이어진다. 다음 날은 그러지 말아야겠다고 마음먹어도 여간해서는 절제하지 못한다. 학업에 부정적인 영향을 주는 것은 당연하다. 2016년 한국청소년정책연구원에서 발표한 아동 청소년 인권 실태 조사에 따르면 초등학생 수면 부족의 원인에는 학습 52퍼센트, 게임 15.6퍼센트, 채팅·문자 메시지 5.1퍼센트, 성인 사이트 이용 0.8퍼센트, 드라마·영화 시청·음악 청취 등이 14.1퍼센트, 기타가 12.4퍼센트를 차지한다.

아이들의 게임 시간이 고민인 엄마들이 많다. 재우는 초등학교 6학년 외동아들이다. 어릴 때 책 육아로 정성을 다해서 키운 아들이다. 학습지 한 번 하지 않고 한글을 깨친 재우는 평소 학습 태도도 좋고, 친구 관계도 좋다. 그동안 스마트폰 사용 규칙도 잘 지켜서 엄마가 걱정할 일이 없었다. 그런 재우가 6학년이 된 이후 공부할 양이 많아서인지 밤 늦게까지 깨어 있는 날이 많아졌다. 어느 날 밤 엄마는 화장실을 가려고 일어났다가 새벽 2시에 스마트폰으로 게임을 하고 있는 재우를 발견했다. 하늘이 무너지는 것 같았다. 그 이후로 엄마의 의심과 다그침이 이어지면서 좋기만 하던 관계가 통째로 흔들렸다. 몇 달 동안 힘든 시간을 보내던 엄마는 미라클 베드타임 코칭을 받은 후 이런 후기를 보냈다.

아이에게 더 좋은 것을 해주려고 하기보다, 나쁜 것을 하지 않는 부모의 태도가 더 중요하다는 것을 배운 시간이었습니다. 매번 아이를 통제할 때나, 통제에 실패할 때마다 제가 아이에게 준 눈빛과 말투에는 〈너를 신뢰할 수 없다〉는 마음이 고스란히 담겨 있었어요. 네가 바른 행동을 하면 엄마가 왜 이러겠느냐고 쏘아붙였던 시간들은 이제 다시는 생각하고 싶지 않습니다. 저는 저대로, 엄마로서의 자존감이 한없이 하락했던 시간이에요. 아이는 아이대로 본인의 행동을 돌아보며 반성하기보다는 저에게 받은 상처, 저의 의심 가득한 시선만을 기억하고 반항하곤 했어요. 그런데 잠자는 시간을 함께 정하고 지키기만 했는데도 예전의 관계로 회복

된 느낌이에요. 아이를 일찍 재우기만 했는데도 많은 문제가 자연스럽게 해결되었어요. 재우도 막상 게임을 시작하면 자제가 안 되었는데 오히려 도와줘서 고맙다고 말하더군요.

어릴 때부터 쌓아 왔던 건강한 관계가 있었기에 재우 엄마의 고민은 비교적 순탄하게 풀릴 수 있었다. 아이를 일찍 재우는 습관을 지금 당장 시작해야 하는 이유는 학년이 올라갈수록 명확해진다. 선생님 오실 시간 됐는데 게임을 하고, 학교나 학원에 지각하고, 게임하느라 밤늦게 자고 아침에 못 일어나고, 유튜브 동영상 보느라 숙제도 안 하는 일들이 자주 생긴다. 이 같은 일은 아이가 사춘기를 맞이할 때 최고점이 되어 활화산처럼 타오른다. 반항과 도피의 도구로 더욱더 깊게 디지털 세계에 빠져들며 부모를 애태운다. 디지털 미디어로 인해 생기는 이러한 문제는 부모가 아무리 노력한다고 해도 쉽게 피해 갈 수 없는 심각한 문제가 되고 있다. 연세대학교 바른 ICT 연구소에 의하면 초등학생의 스마트폰 1주일 평균 사용 시간은 성인보다 10시간이 많다. 하루 평균 5시간 이상 스마트폰을 사용한다는 것은 수업 시간과 수면 시간을 제외한 나머지 대부분의 시간을 스마트폰을 끼고 생활하는 것으로 해석할 수 있다.[*]

우리나라의 내로라하는 이공계 수재들이 모인 학교 카이스트에서도 매 학기 학부생의 2퍼센트에 해당하는 50여 명이 다름 아닌 게임 중독으로 인

* 주성호 기자, 「뉴스원」, 〈청소년들 하루 평균 5시간 스마트폰 사용, 과의존 심각〉, 2017.4.30.

해서 학사 경고를 받는다고 한다. 학생처는 극단의 조치로 새벽 2~7시 사이에 일부 게임 사이트 접속을 차단하겠다는 공지를 했다고 하니, 그만큼 게임은 개인의 학업 능력과 무관하게 누구든 빠져들면 절제하기 어려운 것임을 알 수 있다.[*]

자녀와 좋은 추억을 쌓기도 부족할 시간에 게임과 유튜브, 학업과 관련된 기본 생활 습관 때문에 싸우고 싶지 않다면 오늘부터 당장 취침 시간을 정하자. 밤 늦게까지 게임을 하거나 영상을 보는 아이를 무조건 통제하기보다는 물리적인 시간 자체를 줄일 수 있는 환경을 만드는 것이 선행되어야 하지 않을까? 현명한 엄마는 아이와의 관계를 악화시키는 요인을 먼저 제거하고 아이와의 긍정적인 관계에 집중한다. 부모는 자녀의 삶을 대신 살아 줄 수는 없지만, 아이 스스로 자신의 강점을 최대한 발현하며 독립적으로 살아갈 수 있는 환경을 만들어 줄 책임이 있다.

---

[*] 정유경 기자, 「한겨레」, 〈게임 중독 카이스트, 접속 차단 특단 조처〉, 2009.9.25.

Miracle
Bedtime

2부

취침 습관을
어떻게 만드는가

☐ 취침 루틴 만들기
☐ 양육 환경 개선하기

잠들기 1시간 전 루틴이 미라클 베드타임의 시작이다

3장

○ 아이의 정서가 자라는 골든 타임

취침 시간을 정했다면 잠들기 1시간 전부터 준비 모드에 돌입해야 한다. 방의 조도를 낮추는 물리적인 일부터 아이가 부모의 사랑을 간직한 채 편안히 잠들 수 있도록 아이의 정서를 채워 주는 일까지, 일정한 루틴을 만들어 실천하면 아이는 곧 잠잘 시간이 왔음을 인식한다. 아이 키우는 데 〈꼭 이래야만 한다. 이렇게 해야 한다〉고 규칙을 정하는 것이 아니다. 엄마도 편하고 아이도 행복한 〈우리 집만의 수면 문화〉를 만드는 것이다. 루틴이 반복되면 우리 집 문화가 된다. 수면 루틴에서는 아이가 〈나는 사랑받는 존재야. 나는 소중해〉라는 느낌을 받는 것이 중요하다. 코칭받는 엄마들에게 〈아이 재우러 들어가서, 단 1시간만이라도 본인의 모습을 돌아보세요. 엄마의 말투, 엄마의 말을 셀프 피드백해 주세요〉라고 하자 며칠 뒤 많은 엄마가 이구동성으로 이렇게 말했다.

「제가 이렇게 명령어를 많이 쓰는 줄 몰랐어요.」

「칭찬은 한마디도 없고, 뭘 하라는 소리, 뭘 했느냐고 확인하는 소리밖에 없더라고요.」

「재우는 1시간만이라도 노력해 볼게요. 아니, 정말 노력해야겠어요.」

오늘 밤, 아이가 잠들기 1시간 전 아이와 어떤 시간을 보내고 있는지 돌아보자. 셀프 피드백을 통해 파악이 되었다면 이제 구체적으로 실천할 시간이다.

수면 루틴이 왜 필요할까?

잠자러 가자는 엄마의 말에 아이가 신이 날 정도로 행복한 시간을 만들어야 한다. 방에 들어가면 마사지도 해주고, 책도 읽어 주고, 이야기도 하고, 음악도 듣고, 엄마가 나만 바라본다는 느낌을 가진다면 아이는 방에 들어가는 것을 큰 특권처럼 여긴다. 하지만 방에 들어가자마자 눈을 감으라고 하고, 화장실도 이제 그만 가야 한다고 통제하면 당연히 자러 가자는 엄마의 말에 시큰둥할 수밖에 없다. 그러면 이 닦는 일부터 잠들기 전 해야 할 일을 다 할 때까지 시간이 오래 걸릴 게 뻔하다.

규칙적인 시간에 일찍 잠드는 습관만큼, 행복하게 잠드는 것도 중요하다. 하버드 의대 마리 밀러 교수는 이렇게 말한다. 「애착 육아(수면 전에 함께 누워 주기)는 아이가 괴로울 때 부모와의 접촉을 추구하고 그 접촉을 통해 효과적으로 위로받으려고 시도하는 안전한 애착이다. 효과적인 감정 조절과 안전한 애착의 결과는 아이들이 또래 관계와 학교 교육을 포함한 필수적인 발달 과제에 보다 효과적이다.」[*]

폴 터프는 그의 저서 『아이들은 어떻게 성공하는가?: 기개, 호기심 그리고 기질의 숨겨진 힘』에서 아이를 성공으로 이끄는 것은 뛰어난 지능보다 그릿, 호기심, 인내, 양심, 긍정적 사고방식과 같은 비인지 능력이 뒷받침되어야 하는데, 이런 능력을 키우기 위해서 가장 중심에 두어야 할 것이 안정 애착이라고 말한다.

아이가 누워도 금방 잠들지 않으면 수면 루틴 중에도 엄마는 〈빨리 좀 자라〉라는 말만 반복할 가능성이 높다. 아이를 빨리 재우고 엄마만의 시간을 갖고 싶기 때문이다. 그런데 아이는 정말 잠이 오지 않아서 잠을 못 자는 건데, 엄마가 원인을 해결해 주지 않고 자꾸 자라는 말만 반복해서는 곤란하다. 다른 시간은 몰라도 이 시간만큼은 〈내 곁에 와준 너, 존재만으로도 고맙다. 나를 엄마로 만들어 준 네가 고맙다〉는 마음으로 집중해 보자.

---

[*] Miller, Patrice & Commons, Michael, 'The Benefits of Attachment Parenting for Infants and Children: A Behavioral Developmental View', *Behavioral Development Bulletin* 10, 2016.

○ 꿀잠을 부르는 SMART 수면 루틴

SMART 수면 루틴이란

수면 루틴의 시간은 아이의 정서 통장을 두둑하게 채우는 시간이다. 이 책을 읽으면서 혹시 〈우리 아이는 이미 너무 많이 컸어〉라는 생각이 든다거나 후회스러운 마음만 든다면, 지나간 시간은 잊자. 오늘이 아이가 가장 어린 날이다. 오늘부터 새로운 마음으로 시작하면 된다.

나는 코칭을 하면서 필사 숙제를 내는데 가끔은 가사를 적어볼만한 노래를 추천한다. 김동율의 「감사」, 양희은의 「엄마가 딸에게」, 김진호의 「가족 사진」을 들으면서 적어 보라고 한다. 음악을 듣다보면 엄마로서 아이에게 생명을 준 것만으로도 충분히 잘했고 칭찬받아 마땅한데, 어느새 죄책감과 미안한 감정이 마음 한가운데 자리 잡고 있음을 느낀다. 아이 나이만큼 아이와 함께했는데, 그 시간을 어떻게 보냈기에 아이에게 마음도 제대로 전하지 못하고 뒤따라가며 힘든 감정만 수습하고 있을까? 육아 고민이 생길 때마다 그것을 일일이 개선하려고 애쓰기보다는 우선 아이의 정서를 충만하게 하는 데 집중해 보는 건 어떨까?

〈SMART 수면 루틴〉 다섯 단계를 꾸준히 실천해 보면 큰 도움이 된다. 물론 엄마의 컨디션에 따라 수면 루틴을 적당히 할 수도, 조금 더 성의 있게 할 수도 있다. 형식에 얽매이기보다 아이와의 소통이 중요하다는 것을 기억하자. 아이는 부모의 정성을 먹고 자란다.

잠들기 전, 아이가 잠자는 방의 조도를 낮춘다. 어스름한 방엔 따뜻함과 편안함이 내려앉는다. 하루의 피로를 내려놓는 시간이다. 하루 종일 아이와 부모 모두 가장 기다린 시간인지도 모른다. 그만큼 수면 루틴은 특별하다. 아이의 오감 중에 촉각과 청각이 특별히 살아나는 시간이다. 잠자리를 따뜻한 정서, 사랑받는 느낌이 충만한 시간으로 채우자. SMART 수면 루틴은 다음과 같은 생각에서 시작한다.

스킨십과 마사지 Skinship & Massage

아이를 만져 준다. 아이의 몸과 마음이 말랑말랑해지는 시간이다. 아이의 짜증과 불안이 줄어든다.

자장가와 음악 Music

아름다운 클래식 음악으로 아이의 감성과 상상력을 자극한다. 정서적 위로와 안정감을 느끼고 추억이 많은 아이로 자란다.

확언과 사랑의 언어 Affirmation

잠들기 전과 기상 직후, 긍정과 확신의 말을 전한다. 아이가 더 행복한 꿈을 꾸고 더 행복한 하루를 시작할 용기를 얻는다. 부모와의 대화로 자기 표현력, 공감, 소통 능력이 향상된다.

읽기 Reading

매일 잠자리에서 책을 읽어 준다. 아이의 정서와 사고력이 발달한다. 포근한 느낌을 만들어 준다면 책을 더 좋아하는 계기가 된다. 아이의 상상력과 호기심이 자라는 시간이다.

내일의 준비 Time Machine

내일의 중요한 일정을 미리 준비한다. 계획한 대로 하루를 보내고 주도적으로 생활하며 자존감도 높일 수 있다. 아침마다 허둥대며 감정적으로 에너지를 낭비하지 않게 된다.

그럼 지금부터는 아이의 정서 통장을 채우는 시간, 〈SMART 수면 루틴〉을 하나씩 살펴보자. 핵심은 아이의 마음이다. 거듭 강조하지만 아이가 〈나는 사랑받는 귀한 존재야〉라고 느낄 수 있다면 모든 루틴을 실천하지 못해도 상관없다. 매일매일 아이에게 이 믿음만 심어 주면 된다.

수면 루틴을 하러 방에 들어가서 잠들기까지 걸리는 시간을 보통 1시간으로 잡는다. 시작도 하기 전에 〈1시간〉에 부담을 느낄 수 있다. 책 읽는 시간을 고려해 넉넉히 잡았다. 책을 많이 읽어 주고 싶으면 시간을 더 확보하고 방에 일찍 들어가면 된다. 마사지하면서 대화도 하고, 음악도 들을 수 있다. 마사지도 3분 정도면 충분하다. 그나마도 엄마가 힘들지 않으면 조금 더 해주고, 엄마가 힘든 날은 거꾸로 아이의 마사지를 받으면 된다. 그만큼 미라클 베드타임 수면 루틴은 엄마와 아이가 소통하는 시간이라는 사실을 기억하자.

S-Skinship & Massage
스킨십과 마사지: 사랑받는 존재임을 느끼는 시간

아이의 몸을 만져 준다. 아이의 웃음소리가 방을 가득 채운다. 간지러워서 웃고 좋아서 꼬물거린다. 그렇게 매일매일 자라는 아이의 몸과 마음을 어루만져 주자. 경혈을 따라서 척추를 꾹꾹 눌러 주고 머리도 지근지근 만져 주고 등도 긁어 주자. 눈 옆에 관자놀이도 눌러 주고 콧대도 조물조물 만지며 더 높아지고 더 예뻐질 거라고 말하며 만져 주자. 팔과 다리를 주무르며 오늘도 수고했다 노래도 불러 주자. 통통해진 허벅지 보며 엄마도 스스로에게 수고하고 있다고 말해 주자. 핏덩어리 낳아서 이렇게 키우느라 고생이 많다고 스스로에게 매일 밤 따뜻한 말도 건네 주자.

「우리 아이가 마사지를 이렇게 좋아할 줄 몰랐어요.」
「어릴 때 부지런히 해줬는데 어느 순간부터 학습만 신경을 썼네요. 다시 해주기 시작했는데 아이도 저도 너무 행복해요.」
「하루 종일 일하고 저도 너무 피곤하지만, 이 시간만은 이제 빼놓을 수가 없어요. 매일매일 아이가 언제 이렇게 컸나, 감사함을 느끼는 순간이에요.」

미라클 베드타임 코칭에서 가장 반응이 좋은 것은 단연코 마사지이다. 어릴 때 쭉쭉이를 해주던 마음으로 다시 돌아가 보자. 손가락과 발가락이 제대로 붙어 있기만 해도 감사했던 순간을 잊지 말자. 예쁜 거, 잘하는 거,

고마운 건 당연하게만 생각하고, 어쩌면 이렇게 잔소리만 늘어 놓고 있었는지 반성도 해보자.

조도가 낮은 방에 누워 조용한 음악을 들으면서 엄마의 마사지를 받는 아이는 어떤 기분일까? 이 시간은 보들보들한 피부를 만지며 눈을 마주치고, 간단한 대화를 나누는 시간이다. 부모가 마음으로 감사 기도를 하는 시간이다. 〈다리야 수고했다. 다리야 수고했다〉 노래도 불러 보자. 이 시간에 노래를 부르면 어떤 노래도 자장가가 된다. 눈만 마주치면 까르르 웃던 아이는 엄마 마사지를 받으며 깊은 잠에 빠진다.

이 시간이 행복했다면 아이는 다음 날에도 자러 가는 시간을 기다린다. 엄마가 자러 갈 시간이라고 말하면 아직 더 놀고 싶다고 짜증으로 반응하는 게 아니라 〈우와, 이제 자러 가요?〉 하면서 방으로 먼저 들어간다. 이런 반응이 나올 정도로 아이의 마음이 열린다면 육아 고민은 대부분 사라진다. 아이에게 무엇을 하지 말라고 가르치는 것은 부모에게도 힘든 일이다. 아이가 예쁜 행동을 더 많이 하는 분위기를 만들어 주고 칭찬을 더 많이 받으며 자라게 해주자. 잠들기 전 수면 루틴을 하면서 느꼈던 행복한 감정을 점점 하루 전체로 확장해 나가게 된다. 몰랐다면 어쩔 수 없지만, 한 번 해보고 아이와 엄마가 모두 편안하고 즐거운 것을 알았다면 이제부터는 실천을 이어 가야 한다.

〈아이들 재우는 것도 엄마 담당인가?〉라는 생각이 들거나 아이와 아빠와의 관계가 서먹해서 마음 한편이 불편하다면, 자연스럽게 아빠도 아이들 자는 방에 들어오라고 해보자. 이불 깔고 온 가족이 쭈르륵 누워서 하루 종일 고생한 아빠에게 아이가 마사지를 해주면 어떨까. 마사지 받으며 자란 아이는 엄마 아빠에게 마사지 선물도 당연하게 잘한다. 아빠도 자라 온 환경에 따라 다르겠지만, 무엇을 어떻게 해야 하는지 몰라서 아이들을 살갑게 대하지 못하는 경우가 많다. 남편은 질책할수록 더 방으로 숨고 비협조적이 된다. 왜 아내는 큰 아들까지 키워 가며 맞벌이에 육아를 전담해야 하는지 화가 날 때도 있다. 하지만 달리 생각하면 오늘도 무탈하게 퇴근해서 집에 돌아온 것도 기적이다. 〈왜 이 마음을 나만 가져야 하느냐고!〉를 외치고 싶겠지만 상대방도 다른 방법으로 애쓰고 있을지 모른다는 마음을 가져 보면 어떨까?

M-Music
자장가와 음악: 추억을 가슴에 품는 시간

〈경험을 담아 두는 음악의 힘, 그리고 기억이 희미해진 뒤에도 듣는 사람의 마음에 옛 경험을 되살리는 힘은 분명히 소리가 지닌 가장 매혹적인 특성 중 하나다.〉[*] 음악에는 특별한 힘이 있다. 오랜 시간이 지나도 예전에 들었던 추억의 음악을 들으면 지난 순간이 고스란히 떠오른다. 첫 남자 친구와 헤어지고 밤길을 걸으며 들었던 음악, 남편과의 첫 데이트 날 들었던 음악, 프러포즈 순간의 음악. 바쁘게 살면서 잊은 듯했지만 어디선가 그 음악이 들려오면 그 순간의 느낌, 감정, 장소, 상대방의 표정⋯ 모든 게 생생

---

[*] 돈 캠벨, 알렉스 도먼, 『음악으로 행복하라』(서울: 페퍼민트, 2012), 253쪽.

하게 떠오른다.

아이와 함께 음악을 듣는다면, 아이도 엄마와 함께 했던 순간을 기억해 줄까? 당연하다. 아이와 함께 음악을 듣는 것은 아이에게 추억을 선물하는 것이다. 살아가면서 엄마를 문득 떠올릴 수 있도록 흔적을 남겨 보자. 아이가 성인이 되어서도 엄마의 존재감을 느낄 수 있다. 기쁜 날 어떤 음악을 들을까 고민하다가 어릴 적 엄마랑 즐겨 듣던 음악을 선택할 수도 있고, 위로가 필요한 날 그 음악을 들으며 다시 힘을 얻을 수도 있다. 엄마가 이 세상에 없어도 가능하다. 음악의 힘은 그렇게 강하다.

밤에 조도가 낮은 방에 아이와 함께 누워 보자. 잠들기 전은 청각이 살아나는 순간이다. 곡의 제목이 뭔지 몰라도 그 순간만큼은 음악이 주는 힘이 아이를 감싼다. 좋은 곡은 처음 들어도 좋다. 물론 의미를 알고 들으면 더 좋다. 곡의 배경이나 작곡가의 당시 상황을 알면 음악이 주는 감동이 몇 배나 커진다. 하지만 아는 게 많지 않다고 뒤로 주춤할 필요는 없다. 하나씩 알아 가면 된다. 음악이 주는 편안함과 안정감을 느끼는 것이 우선이다.

자기 전에는 어떤 음악이 좋을까? 느리고 차분한 클래식 음악이다. 빠르기로 따지면 BPM 60 이하의 음악이다. 자기 전에 빠른 음악을 들으면 뇌가 계속 움직여야 해서 쉽게 잠들 수 없다. 가사가 있는 음악보다 연주곡이 좋다. 가사가 뇌에 입력되면 뇌가 계속해서 해석을 하려고 하기 때문이다. 여러 악기가 한 번에 연주되는 규모가 큰 오케스트라 곡보다 한두 가지 악기로 연주되는 곡을 들려주자. 곡 제목을 떠올리며 작곡가는 왜 이런 제목을 붙였을까 함께 생각해 보는 것도 아이의 상상력을 자극할 수 있어 좋다.

편식이 몸에 좋지 않듯, 음악도 다양하게 듣는 게 좋다. 물론 음악 선곡은 아이의 취향에서 출발해야 한다. 아이가 먼저 듣고 싶어 하는 곡이 있다면 의견을 존중해 주자. 간혹 예민한 아이는 잠들기 직전에 〈이제 음악 꺼주세요〉라고 요구한다. 또 어떤 아이는 아직 다양한 음악을 접해 보지 않아서 첼로 소리가 무섭다고 말한다. 아이가 한참 겨울왕국 OST에 푹 빠져 틀어 달라고 하면, 가사가 있는 음악은 안 좋겠다는 생각으로 아이의 요구를 거절할 필요는 없다. 잠자리에 누운 직후에는 쉽게 잠이 오지 않는다. 좋아하는 노래 크게 한 번 따라 부르고, 잘 때도 계속 듣고 싶다고 하면 소리를 작게 틀어 주면 된다. 자녀 교육서보다 더 옳은 건 내 아이이다. 〈지금 이 순간, 나와 아이는 행복하다〉는 대전제를 잊지 말자.

잠들기 전에 반복되는 루틴만으로도 아이는 정서적 안정감을 느낀다. 매일 다른 음악을 들려주려고 애쓰지 않아도 된다. 오히려 특정 기간, 3개월, 6개월 단위로 같은 음악을 듣는 것도 좋다. 밤에 잘 때 엄마가 꼭 옆에 있어야 하는 아이는 눈 감는 것조차 두렵고, 어둠이 무서울 수 있다. 아이는 다양한 종류의 두려움을 극복하며 성장한다. 그 고비를 아이가 스스로 극복할 수 있도록 부모가 도와주어야 하는데, 이때 음악의 힘은 상상 이상이다. 어젯밤에도 별일 없었듯이, 오늘 밤에도 별일 없을 거라는 믿음을 같은 음악을 들으며 본능적으로 느낀다. 아이가 특정 악기의 음색이나 음악을 낯설어 한다면 낮에 놀 때 흘려듣게 해주는 것도 좋다.

세상에서 가장 아름다운 소리는 사람의 목소리이다. 아이에게 엄마의 목소리는 축복과도 같다. 잠자기 전, 청각이 살아 나는 환경에서 엄마가 나지

막한 목소리로, 본인의 이름을 넣어서 불러 주는 자장가는 세상 어떤 음악보다 아름답다. 모차르트 자장가 선율을 따라 아이 이름을 넣어서 불러 주는 건 어떨까? 느리고 나지막하게 반복해서 불러 주자. 매일 밤, 아이가 잠들 때까지 몇 번이고 불러 주자. 고작 몇 년, 품 안에 있을 때만 할 수 있는 일이다. 정서 통장에 차곡차곡 저축하자. 막상 엄마 마음이 더 말랑말랑해지는 것을 느낄 수 있다.

잘 자라 우리 아가(아이 이름) 앞뜰과 뒷동산에
새들도 아가 양도 다들 자는데
달님은 영창으로 은 구슬 금 구슬을
보내는 이 한밤
잘 자라 우리 아가(아이 이름) 잘 자거라

A-Affirmation

확언과 사랑의 언어: 대화로 공감 능력을 배우는 시간

잠들기 전, 아이와 어떤 대화를 나눌 수 있을까? 하루 동안 잘했던 일보다 잘못했던 일을 떠올리며 잔소리하고 싶은 부모는 없다. 〈내일은 더 멋진 하루가 기다리고 있어. 내일 아침에 만나자.〉 엄마의 이런 말 한마디는 아이를 꿈꾸게 한다. 더 멋진 하루는 어떤 하루일지, 아이를 상상하게 한다.

아이와 어떤 대화를 나눌지 막연할 때가 있다. 세 줄 일기를 쓰듯 아이와 누워서 대화를 나눠 보는 건 어떨까? 세 줄 일기는 일본 자율 신경 분야 전문가인 고바야시 히로유키가 제안하는 마음 정리법이다. 매일 저녁 잠들기 전에 단 세 줄로 쓰는 일기이다. 나는 그 아이디어를 잠들기 전 아이와 대화 나눌 때 사용했다. 아이와 누워서 대화를 나눌 때 차례로 질문을 던진다.

첫 번째는 오늘 하루 중에 가장 안 좋았던 일, 두 번째는 오늘 하루 중에 가장 좋았던 일, 마지막으로 내일 해야 할 일 중에 가장 중요한 일이다. 이 세 가지를 순서대로 말한다. 말하면서 안 좋았던 일은 버리고, 좋았던 일은 한 번 더 상기하고, 해야 할 일을 미리 생각하면서 내일을 기대한다.

엄마가 묻기만 하고 아이는 대답만 해야 한다면 며칠 지나지 않아서 아이는 〈세 줄 일기〉 대화법의 매력을 느끼지 못한다. 질문도 좋지만, 엄마의 하루를 아이에게 진술하게 내보이는 것도 좋다. 「엄마는 오늘 회의하는 중에 하연이가 전화를 두 번이나 했는데 받을 수가 없어서 속상했어.」(가장 안 좋았던 일) 「엘리베이터 문이 닫히도록 소연이가 엄마에게 손을 흔들어 줘서 엄마가 하루 종일 행복했어.」(가장 좋았던 일) 「내일 우리 진우 꼭 안과 가야 해. 오후 6시에 가면 환자가 가장 적을 것 같은데. 우리 그때 다녀올까?」

너무 속상하고 마음이 안 좋은 날은 무엇 때문에 힘든지 아이에게 말해 주자. 엄마가 욱하고 화를 내면 아이는 기가 죽어서 눈치 보게 되지만, 엄마가 힘들다고 감정을 공유하면 엄마 마음을 토닥거려 준다. 아이에게 받는 위로는 생각보다 큰 힘이 된다.

엄마의 하루를 엿보며 아이도 엄마를 더 이해하고, 더 넓은 세상을 간접 경험할 수 있다. 엄마가 이런 일을 하는구나, 이런 고생을 했구나, 하고 생각해 볼 수 있다. 간접적으로 엄마의 마음을 전하면 아이의 긍정 행동은 더

욱 강화되고 부정 행동은 완화된다. 엄마의 사정을 알고 나면 낮에 엄마가 전화를 받지 않아서 서운했던 감정이 오히려 사랑받고 있다는 느낌으로 전환되기도 한다. 그만큼 대화는 중요하다. 하지만 시간이 지나 버리면 머릿속에 떠오르지 않아서 그냥 지나치는 순간도 많다. 모든 순간을 다 나눌 수는 없다. 그래도 세 개의 질문으로 하루의 생각과 감정을 나누는 루틴을 반복하다 보면 그 시간이 단순하게 흘러가는 듯해도 아이와 엄마가 서로를 이해하는 데 큰 힘이 된다.

세 줄 일기 대화법을 응용해도 좋다. 아이를 가운데 두고, 부부가 대화를 나누는 방법이다. 부모가 서로의 말에 경청하며 하루를 나누는 분위기 속에서 아이는 말로 표현할 수 없는 안정감을 느낀다. 자연스럽게 어휘력까지 향상되는 보너스 같은 시간이다.

이제와 돌아보면 매일 밤 이부자리 위에서 뒹굴거리며 아이들과 대화를 나눴던 순간이 가장 기억에 남는다. 꼭 어스름한 조명 아래에서 이야기해야 말이 술술 나온다. 아이가 특정 나이 때만 할 수 있는 기발하고 솔직한 표현들, 사랑스러웠던 순간들을 일일이 다 기록해 놓지 못해서 아쉽지만 그 순간의 느낌만은 생생하게 남아 있다. 하루의 피곤함을 풀어 주던 순간이었다. 아이에게 빨리 자라는 말 대신, 아이의 하루에 관심을 가지고 질문해 보자.

아이는 자신의 마음을 구체적인 언어로 표현하는 능력이 서툴고 부족하다. 엄마가 아이의 마음을 반영한 표현을 구체적으로 하다 보면, 아이는 감정과 욕구를 언어로 표현하는 법을 배운다. 부모의 말을 통해 자신의 마음을 알아차리고 조금씩 사회에서 수용되는 감정 표현 방식을 배운다. 무엇을 해도 되는지, 무엇을 해서는 안 되는지도 배운다. 짜증 나고 화날 때 떼 쓰며 억지를 부리는 것이 아니라 차분하게 자신의 감정을 표현하는 방법을 자연스럽게 익힌다.

아이에게는 엄마의 향기가 배어 있다. 내 아이가 어떤 향기를 품고 세상에 나아가길 바라는가? 엄마를 안전 지대 삼아 더 넓은 세상을 향해 나아가길 원한다면 매일 밤 단 5분, 아이와 사랑이 담긴 언어를 나눠 보자. 엄마가 눈에 보여도, 보이지 않아도, 함께 있어도, 함께하지 못해도, 아이는 스스로가 소중한 존재라고 믿으며 당당하게 살아갈 것이다.

〈나는 위대하다.〉 무하마드 알리가 습관적으로 했던 말이다. 이 말을 반복했고 결국 그는 말하는 대로 위대한 업적을 이뤘다. 내가 운영 중인 엄마들을 위한 모임 〈미라클 미타임〉에서 작가 빛나다와 함께 워크숍을 열었다. 강의가 끝나고 워크숍에 참가한 엄마들과 함께 말하는 대로, 꿈꾸는 대로 이루어지길 바라는 간절한 소망을 담아 긍정 선언문을 썼다.

「아우, 이런 걸 왜 써야 하는지 모르겠어요.」

「애들이랑 남편 보기 부끄러워서 저 혼자서만 봤는데 에라 모르겠다, 하고 냉장고에 붙었어요. 의외로 남편이 놀리거나 크게 반응하지 않더라고요.」

「물 마실 때마다 소리 내서 읽을 수 있도록 긍정 선언문을 정수기 위에 붙여 놨어요. 점점 소리 내서 크게 읽는 중이에요.」

며칠 지나지 않아, 한 분이 취업에 성공했다는 감사하고 기쁜 소식을 전해 주었다.

생각만으로 멈추지 말고 실행으로 옮겨야 변화가 생긴다. 〈생각은 말을 바꾸고, 말은 행동을 바꾸고, 행동은 습관을 바꾸고, 습관은 인생을 바꾼다〉고 마하트마 간디가 말했다. 『미라클 모닝』의 저자 할 엘로드는 이렇게 말한다. 「잠재의식을 바꾸기 위해 적극적으로 노력하지 않는다면 과거의 두려움과 불안과 한계로 인해 우리가 가진 가능성은 제한될 수밖에 없다. 성공하는 삶을 위해 잠재의식을 새롭게 프로그래밍하는 데 가장 효과적인 수단이 바로 확신의 말하기다. 어떤 사람이 되고 싶고, 무엇을 성취하고 싶으며, 어떻게 성취할 것인지 스스로에게 말해 주기만 하면 된다. 확신의 말은 반복을 통해 잠재의식에 프로그래밍되어 그 말을 믿게 되고, 그 믿음에 따라 행동하게 된다. 결국 확신의 말은 현실이 된다.」

매일 확신을 가지고 소리 내어 외쳤던 긍정 선언문은 생각과 말은 물론 오랜 세월 동안 가졌던 습관까지 바꿨다. 엄마의 들쑥날쑥하던 감정은 평온해졌고, 새로운 도전에 용기도 생겼다. 긍정 선언문의 효과는 아이에게도 통한다. 매일 아침 엄마가 건네는 말 한마디가 아이의 잠재의식에 프로그래밍된다. 아이는 그것을 믿고, 믿음에 따라 행동하게 된다. 엄마의 말 한마디가 아이의 자존감을 키우는 것이다. 건성으로 듣는 듯해도 아이는 차곡차곡 저축하듯 엄마의 긍정 언어를 가슴에 쌓는다.

미라클 베드타임 코칭을 시작하면서 매일 아침 하루를 시작하는 아이에게 어떤 긍정의 말을 해주면 좋을지 생각해 보라고 묻는다. 일주일을 기다려도 대답을 못하는 엄마들이 종종 있다. 더 멋지고 거창한 말을 생각해 보지만 생각이 나지 않았던 것 같다. 〈엄마가 사랑해〉, 〈오늘도 좋은 하루 시작하자〉와 같이 짧을수록 좋다. 쉽고 간단해야 매일 실천할 수 있기 때문이다. 잊지 않고 실천하는 게 중요하다.

아무리 생각해도 어떤 말을 해주면 좋을지 생각나지 않는다면 아이에게 직접 물어보면 된다. 「매일 아침, 눈 뜨자마자 무슨 말을 들으면 행복할 것 같아?」 「엄마가 무슨 말을 해줄까?」 육아의 정답은 아이에게 있다는 것을 잊지 말자. 엄마의 말이 아이 마음에 전달되는 그 순간, 아이가 갖는 느낌이 중요하다는 사실을 기억하고, 표정이나 말투 등의 비언어적인 요소도 살펴보자. 한마디라도 엄마 마음이 평화롭지 않으면 막상 입 밖으로 나오지 않는다. 엄마의 아침이 편해야 함도 잊지 말자.

R-Reading
베드타임 스토리와 엄마가 읽어 주는 책

매일 같은 시간, 같은 음악, 반복해서 읽은 책은 아이에게 정서적 안정감을 준다. 수면 루틴을 위해 방에 들어갔다면 주도권을 아이에게 주는 게 좋다. 잠드는 시간만 대략적으로 알려 주고 나머지는 아이가 선택하고 결정하게 하자. 책을 더 많이 읽고 싶은 날도 있고, 아닌 날도 있다. 한 권 읽어 줬으니 빨리 자자며 급하게 불을 꺼버리거나 권수에 집착하기보다 한 권이라도 흠뻑 빠지게 해주자. 책은 아이와 엄마를 연결해 주는 매개체이다. 엄마와의 시간이 좋았다면 아이는 책을 읽으라고 강요하지 않아도 자연스럽게 책을 좋아하는 아이로 자란다.

내 경우 막내에게 책을 읽어 주면 옆에서 놀던 둘째가 관심을 가지고 슬그머니 옆에 와서 어깨너머로 듣기도 했다. 딴짓을 하는 것 같아도 다 듣는다. 수면 루틴의 첫 30분은 기본적으로 책 읽어 주는 시간이지만 아이가 해 달라는 대로 해주면 된다. 다른 책도 권해 주고 싶으면 엄마가 슬쩍 물어보고 재밌게 읽어 주면 된다. 아이가 다른 것에 관심 있어 하면 그냥 그걸 하게 해 주는 게 좋다. 병원 놀이를 하고 싶다며 엄마에게 환자를 하라면 환자를 하고, 간호사를 하라면 간호사를 하면 된다. 8시 30분쯤 되면 아이들에게 시간을 알려 주고 방 안의 조도를 조금 낮춘다. 음악도 튼다. 수면 루틴 시간에 책 읽어 주는 시간은 이렇게 흘러간다.

책에 더 관심을 갖게 하려면 어떻게 읽어 줘야 할까? 글을 더듬더듬 읽기 시작했다면 특정 페이지를 펴놓고 아이가 아는 글자 찾아보기 놀이를 하거나 엄마와 아이가 한 줄씩 또는 한 쪽씩 나눠서 읽기 놀이를 해도 좋다. 하지만 부모의 욕심과 바람이 아이에게 들키지 않는 수준에서 나눠 읽어야 한다. 무엇을 가르치려고 하기보다는 책을 사이에 두고 아이의 생각이 무럭무럭 자라는 모습을 흐뭇하게 느끼는 시간이면 충분하다. 책을 읽으면서 질문을 하며 대화를 이어 가는 것도 좋지만 집중에 오히려 방해가 되니 쭉 읽어 달라고 요청하면 그대로 따르면 된다. 다양한 방법으로 아이의 호기심을 자극하되 그 기준은 언제나 아이가 정한다. 『파우스트』를 쓴 세계적인 문호 괴테의 어머니는 어린 괴테에게 〈마지막은 우리가 만들어 볼까?〉라며 책의 결말을 일부러 읽어 주지 않았다고 한다. 읽었던 내용을 토대로 뒷부분을 직접 완성하게 하며 상상력을 키워 준 것이다.

아늑하게 이부자리 위에 앉아서 책을 읽을 수도 있고, 조도를 낮추고 누워서 읽어도 된다. 책 읽는 경험이 좋았다면 아이는 책을 사랑하게 되고 엄마와 함께 책장을 넘기던 순간, 대화하던 순간을 오래오래 기억한다.

아이에게 언제까지 책을 읽어 줘야 하는지 힘들다고 하소연하는 부모도 있다. 한글을 읽을 줄 아는데도 스스로 책을 보지 않는다고 속상해 한다. 하지만 영어를 최소 10년간 배운 어른도 읽을 줄은 알아도 무슨 뜻인지 이해하지 못하는 문장이 태반이다. 심지어 단어의 뜻을 모두 알아도 문장의 의미를 모르는 경우도 많다. 아이가 독서를 즐기지 못하는 이유도 이와 비슷하다. 책을 읽을 줄은 알아도 그 의미를 이해하지 못하는 것이다. 여력이 된다면 아이가 스스로 책을 읽겠다고 할 때까지 부모가 읽어 주는 게 좋다. 잠자리에서 나지막한 소리로 책 읽어 주던 엄마의 목소리를 경청하던 아이는 세상의 모든 소리에 관심을 가지며 살아간다.

T-Time Machine
내일을 기대하는 타임머신 놀이

알리바바 그룹 회장 마윈은 2018년 스위스에서 열린 다보스 포럼에서 80억 개의 일자리를 로봇이 대체할 것이라고 전망하며 아이들에게 인간만의 고유한 능력인 신념, 독립적인 사고, 팀워크, 타인에 대한 배려 등 공부로는 배울 수 없는 소프트 스킬을 가르쳐야 한다고 말했다. 『사피엔스』의 저자 유발 하라리도 같은 포럼에서 새롭게 생겨날 일에 요구되는 기술과 역량은 완전히 새로운 것이 될 것이며 그것이 무엇인지는 아무도 예측

할 수 없는 단계라고 말했다. 여기에서 유발 하라리가 말하는 역량도 소프트스킬, 즉 비인지 능력이다.

미래 핵심 역량으로 꼽히는 비인지 능력이란 IQ나 시험처럼 수치화할 수는 없는 인간의 살아가는 힘을 말한다. 상상력, 창의력, 동기 부여, 문제 해결 능력, 자기 통제력, 통찰력, 자기 효능감, 자신감 등이 이에 해당한다. 급변하는 미래 사회에 적응하며 살아남기 위해서 아이가 꼭 갖춰야 하는 보이지 않는 비인지 능력을 어떻게 키워 줘야 할까? 가정에서 가능할까? 그렇다. 비인지 능력은 당연히 가정에서 발달한다.

2000년 노벨 경제학상 수상자인 제임스 헤크먼 교수는 1962년부터 1967년까지 미국 미시간주에 있는 빈민층 지역의 3~4세 어린이 123명을 대상으로 〈페리스쿨 프로젝트〉를 진행했다. 한 집단은 일반적인 인지 능력을 키우는 즉, 언어, 수리, 음악, 미술 등의 전통적인 교육을 받게 했다. 다른 집단은 비인지 능력을 강화하는 다음과 같은 4단계 프로그램을 진행했다. 1단계, 하루 동안 무엇을 할지 아이가 스스로 결정하게 했다. 2단계, 자신이 결정한 일을 어떻게 진행할지 계획을 세우게 했다. 3단계, 자신이 세운 계획을 스스로 실천하게 했다. 4단계, 자기가 마음먹은 일을 얼마만큼 성취했는지 교사와 함께 돌이켜 보고 생각하는 시간을 갖게 했다. 비인지 능력 강화 프로그램은 아이에게 자율성을 부여함으로써 스스로 판단하고 결정하고 자제하고 노력하는 힘을 기르기 위한 교육이 중심이었다.

프로젝트를 40년간 추적 조사한 결과 비인지 강화 교육을 받았던 아이들이 훨씬 더 안정적이고 성공적인 삶을 살고 있었다. 장기적으로 아이의 인생에 영향을 준 것은 인지 능력을 향상시키는 일반 교육이 아니라 성실함, 꾸준함, 참을성, 사교성, 그릿, 회복 탄력성, 공감 능력 같은 비인지 능력을 키워주는 교육이라는 것을 증명한 셈이다.

특히 SMART 수면 루틴 중 타임머신 놀이는 대화를 통해 헤크먼 교수의 비인지 능력 강화 프로그램 4단계를 그대로 연습하는 과정이다. 본격적인 수면 루틴을 하러 방에 들어가기 전 5분 정도의 시간을 내어서 타임머신을 타고 내일로 날아간 것처럼 미리 내일 하루 일정을 머릿속으로 그려 보는 것이다. 그리고 그에 필요한 준비를 함께 한다. 아직 익숙하지 않은 아이에게 엄마가 〈내일 책가방 쌌니! 내일 준비물 챙겼어?〉 하고 물어보며 확인하는 시간이 아니다. 아이 스스로 할 수 있을 때까지 엄마가 뒤에서 응원하며 내일을 준비하는 방법을 배우도록 도와주는 시간이다.

1단계 예측

엄마: 내일 뭐 하는 날이지?

아이: 유치원에서 감자 캐러 가요!

2단계 계획

엄마: 그럼 내일 뭘 입으면 좋을까? 신발은?

아이: 반바지랑 샌들을 신을 거예요!

3단계 실행

엄마: 샌들 신으면 흙이 다 들어가서 불편할 것 같은데?

아이: 괜찮아요. 저는 샌들이 신고 싶어요!

샌들을 신고 가는 것이 영 걱정된다면 아이 가방에 양말과 운동화를 챙겨 주는 것도 방법이다. 아이와 싸울 필요도, 아이의 생각을 꺾을 필요도 없다. 오히려 아이가 생각하고 깨달음을 얻을 수 있는 더 좋은 기회이다.

4단계 피드백 (다음 날 유치원을 다녀와서)

엄마: 오늘 감자 캐기 즐거웠어?

아이: 네. 엄마. 그런데 엄마 말대로 흙이 들어가서 불편했어요. 다음엔 운동화 신고 갈게요!

이런 대화는 당일 아침에 급하게 하는 게 아니다. 자기 전에 SMART 루틴 안에 포함시켜 내일을 준비하는 과정에서 이뤄진다. 그러면 다음 날 아침 평화로운 풍경이 펼쳐진다. 실제로 챙겨야 하는 물건은 잠자러 방에 들어가기 전에 미리 이야기 나누고 챙겨 둔다. 보조 가방 등 잊기 쉬운 준비물은 현관 앞에 가져다 두고 자는 것도 좋다. 어제보다 조금이라도 좋아진 모습을 칭찬하면서 아이가 자기 물건을 스스로 챙기고 다음 날을 준비하게 해주자.

다음 날 특별히 챙길 물건이 없다면 수면 루틴을 위해 누워서 엄마와 대

64

화를 나누는 것도 좋다. 아침마다 아이와 전쟁을 치르는 주요 원인이 무엇인가? 다음 날 입을 옷, 준비물 등은 미리 챙겨 놓아야 하지만 아침 밥으로 먹을 메뉴, 묶고 싶은 헤어 스타일 등은 누워서 대화를 나누는 것만으로도 충분하다. 다음 날 아이는 자신의 선택에 만족스러울 수도 있고 아닐 수도 있다. 그런 과정을 통해 아이는 다음엔 더 합리적인 선택을 하게 된다.

마음이 급하면 아이에게 짜증 내고 다그치게 되지만 여유가 있으면 엄마도 느긋하게 기다릴 수 있다. 〈육아란 이러해야 한다〉는 규칙은 잊어버리고 우리 집만의 〈심플 버전〉을 만들자. SMART 루틴을 하면서 아이와 엄마가 편안함을 느낀다면 그것으로 충분하다.

○   수면 루틴 체크 리스트를 통한 습관 강화

생각만 하기보다 실제로 기록하고 통계를 내어 보고 피드백을 주고받으면 반드시 취침 습관에 변화가 생긴다. 수면 루틴 기록을 꼼꼼히 해온 부모들에 의하면, 개별적인 차이는 있지만 90퍼센트 이상이 변화를 경험했다고 말한다.

수면 루틴 체크 리스트에 수면 루틴을 시작한 시간, 본격적으로 잠자리에 누운 시간, 잠든 시간, 다음 날 기상 시간을 적는다. 충분한 수면을 취하고 있는지를 알아보기 위해 총 수면 시간을 파악하는 것도 중요하다. 잠들기까지 아이가 1시간 이상을 뒤척거린다면 낮잠 조절이 필요해 보이지만

MIRACLE BEDTIME

	MON	TUE	WED	THUR	FRI	SAT	SUN
저녁식사	6:30	6:00	5:30	5:30	5:00	6:30	6:00
타임머신	0	0	0	0	0	0	0
누운시간	9:40	9:50	9:30	9:40	8:20	10:45	10:15
잠든시간	10:20	10:22	9:49	9:46	8:50	11:00	10:30
다음날 기상시간	7:15	7:50	8:00	8:00	7:00	8:00	8:00
아침허그	0	0	0	0	0	0	0
긍정선언	0	0	0	0	0	0	0
엄마감정	7	8	9	8	8	7	6
총 수면시간	9시간 10분	10시간 느낌	11시간 느낌	11시간 느낌	10시간 느낌	8시간 느낌	10시간 느낌
낮잠시간	1:30 ~ 2:40	2:30 ~ 4:00	12:30 ~ 2:40	12:55 ~ 2:30	11:00 ~ 11:40	1:30 ~ 4:00	2:30 ~ 3:50
운동여부							
메모 / 비고							

	MON	TUE	WED	THUR	FRI	SAT	SUN
저녁식사	5:10	5:30	5:30	5:00	5:00	6:00	5:30
타임머신	0	0	0	0	0	0	0
누운시간	9:25	8:30	8:45	9:00	8:00	8:00	8:50
잠든시간	9:55	9:00	9:20	9:40	9:14	9:30	9:20
다음날 기상시간	8:00	7:30	7:50	8:00	7:30	8:00	7:30
아침허그	0	0	0	0	0	0	0
긍정선언	0	0	0	0	0	0	0
엄마감정	9	8	9	9	8	9	8
총 수면시간	11시간 느낌	11시간 느낌	11시간	10시간 느낌	11시간 느낌	12시간 느낌	10시간 느낌
낮잠시간	1:30 ~ 3:10	2:00 ~ 3:30	1:00 ~ 2:20	12:40 ~ 2:30	1:50 ~ 3:45	1:05 ~ 3:00	12:30 ~ 1:20
운동여부							
메모 / 비고							

수면 루틴 체크 리스트

26개월 아이를 기르는 한 엄마가 미라클 베드타임 참여 중 했던 기록이다. 10시 넘어서 자던 아이가 낮잠, 아침 기상 시간, 식사 시간을 조절하면서 어렵지 않게 1시간 정도 일찍 자는 패턴을 만들었다.

어린이집에서 자고 오는 경우라면 엄마가 마음대로 조절할 수 있는 부분은 아니다. (낮잠 자는 아이의 수면 조절은 198쪽 부록을 참고한다.)

기록하면서 달라지는 것은 단순히 잠드는 시간만이 아니다. 엄마의 감정도 달라진다. 육아를 하다 보면 문득문득 조절할 수 없는 감정이 올라온다. 미라클 베드타임을 하는 동안 아이의 아침 기상과 낮잠을 모두 꼼꼼하게 기록하면서 아이가 자지 않는 것이 아니라 자지 못하는 것을 이해하기만 해도 감정적으로 많이 편안해진다. 엄마의 마음이 육아를 하는 데 있어서 가장 중요한 핵심이며, 기록을 통해 그 마음을 조절하며 중심을 유지할 수 있다.

　미라클 베드타임은 규칙적인 생활 습관을 위해 수면 시간을 기준으로 잡고 있지만, 그다음으로 중요한 것이 저녁 식사 시간이다. 저녁 식사 시간을 기록하기만 해도 들쑥날쑥한 저녁 시간을 효과적으로 통제할 수 있다. 잠자러 가기 전에 내일을 미리 준비하는 타임머신 놀이를 했다면 O, 아니라면 ✕로 표시한다. 누운 시간과 잠든 시간을 기록하는 이유는 아이가 잠들기까지 걸리는 시간을 눈으로 확인해 보기 위해서이다. 다음 날 기상 시간을 기록해 하루 총 수면 시간을 파악한다. 아침에 눈 뜨자마자 허그와 긍정 선언으로 하루를 시작하는 습관은 자주 할수록 좋다. 엄마의 감정은 0~10으로 기록한다. 최상이면 10, 나빴다면 그에 준하는 개인적인 기준으로 점수를 기록한다. 낮잠 자는 아이라면 낮잠 시간을 기록한다. 가정 보육을 한다면 아침과 점심 식사 시간 또는 메뉴를 기록해도 좋다. 새벽에 깼다면 깬 횟수, 늦어졌다면 늦어진 이유 등을 간략하게 기록하면 규칙적인 습관이 유지되지 못하는 이유를 한눈에 파악할 수 있다. 아이들과 함께 엄마의 수면을 기록해도 좋다. 충분한 수면은 성장하는 아이들에게만 필수가 아니라, 부모의 하루 컨디션, 인지 능력, 감정에도 중요한 요소이다.

코칭에 참여했던 엄마들이 작성한 수면 루틴 체크 리스트 1

Miracle Bedtime (엄마와 아이가 모두 행복한 감성 프로젝트)

	10월 15일	10월 16일	10월 17일	10월 18일	10월 19일	10월 20일	10월 21일
아이이름							
방에 들어간 시간	9:20	9:50	9:50	9:50	8:40	8:50	8:45
누운 시간	9:40	10:00	9:55	10:45	9:00	8:55	9:00
잠든 시간	10:20	10:22	10:19	10:40	9:20	9:18	9:20
다음날 기상시간	9:15	7:50	7:00	7:00	7:35	7:20	8:40
타임머신 준비	O	△	△	O	O	O	O
3분 마사지	O	△	O	O	O	O	O
음악	O	O	O	O	O	O	X
아침 허그	X	O	O	O	O	O	X
긍정선언	X	O	O	O	O	O	O
엄마감정(0~10)	1	8	9	8	8	9	6
비고							

	10월 22일	10월 23일	10월 24일	10월 25일	10월 26일	10월 27일	10월 28일
아이이름							
방에 들어간 시간	9:20	9:40	9:30	8:45	8:55	9:30	8:15
누운 시간	9:30	9:45	9:45	8:57	9:40	9:45	8:30
잠든 시간	9:45	10:00	9:45	9:13	9:24	9:50	8:44
다음날 기상시간	7:40	7:00	7:00	8:40	8:00	8:00	6:30
타임머신 준비	O	O	O	O	O	O	△
3분 마사지	O	O	O	O	O	O	O
음악	O	O	O	O	O	O	O

	1월2일 목	1월3일 금	1월4일 토	1월5일 일	1월6일 월	1월7일 화	1월8일 수
문박개간 시간	21:00	21:15	21:30	21:20	21:00	21:15	21:05
잠든시간	24:00	00:00	00:50	21:35	00:45	01:10	23:50
기상시간	09:30	09:20	10:00	08:30	08:15	09:20	08:11
엄마 목욕	X	O	X	X	△	△	Y
3분 마사지	X	O	X	X	O	O	X
음악	X	X	X	X	X	X	X
이유 보고	O	O	O	O	O	O	O
비고	15:30 1시간(저녁)	14:10 1시간(낮)	15:52 1시간30분		13:30 2시간	13:30 1시간45분	13:05 1시간20분

	1월9일 목	1월10일 금	1월11일 토	1월12일 일	1월13일 월	1월14일 화	1월15일 수
문박시간 시간	21:40	21:08	21:37	21:40	21:50	21:40	21:20
잠든시간	23:00		23:27	22:30	23:00	23:20	22:40
기상시간	08:20	08:47	08:10	08:25	08:12	08:15	08:00
엄마 목욕	X	X	X	X	X	X	X
3분 마사지	O	O	O	O	△	O	O
음악	X	X	X	X	X	O	X
이유 보고	O	O	O	O	O	O	O
비고	13:45 2시간	13:00 2시간	2시간	14:25 40분	13:52	13:50	13:00 2시간	13:20 1시간40분

	1월16일 목	1월19일 금	1월18일 토	1월19일 일	1월20일 월	1월21일 화	1월22일 수
문박시간 시간	21:15	21:40	21:14	20:50	21:28	21:30	21:30
잠든시간	23:50	23:05	23:47	21:42	23:00	23:25	23:25
기상시간	06:15 → 09:05	08:20	08:20	08:40	09:54	08:20	08:20	08:24
엄마 목욕	△	X	O	△	X	X	△
3분 마사지	O	X	O	O	O	O	O
음악	O	O	O	O	X	O	X
이유 보고	O	O	O	O	O	O	X
비고	13:30 1시간30분	13:30 1시간45분	13:45 3시간	10:47 5분 13:52 14분	13:30	08:00 2시간	13:30 1시간20분

(금)	1월 18일 (토)	1월 19일 (일)	1월 20일 (월)	1월
	(8:50) 제가 피곤해서	9시	9:00	8
	9시 일찍 잤어요.	9:20	9:30	9
	7:40	(7:40)	8시	7
	△ 소재엄마 가서 아이스크림을	X	X	O
	X 사먹고 왜그	O (父)	X (父 회식)	O
	O 반복 놀이	O	O	△ (엄마의
	O 냄새맡기	O	O	O
	혼자 거리로 내딫네요	아이 스스로 거실로 나와서 씻고 자마시네요.	아빠의 회식으로 목욕 빠짐, 여기, 감정적으로 기복, 우다닥 뒤이은 날	엄마인 저의
시		아빠보다 일찍 일어나서	끝나고 저녁 8시 40분!	아이에게
	시 자고	이빠를 깨우고 아침루틴을	부라부랴 저녁1관은	를 대행
	잠들어 8시에	씻기고 보낸 모습이 최고네요!	왔으나 잠을 힘들어요!	유치원
	못먹고, 아이는			아없 이

코칭에 참여했던 엄마들이 작성한 수면 루틴 체크 리스트 2

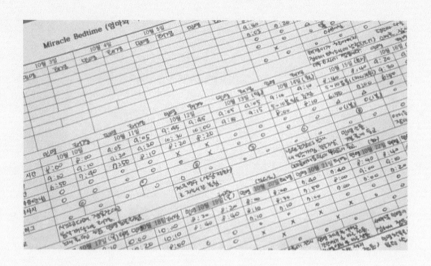

아침 허그	ㅇ	ㅇ	ㅇ	ㅇ	ㅇ	ㅇ		ㅇ	
비고	낮잠X / 밤잠	낮잠 X / 2시간자고깨서	밤잠 자꾸 깨서	ㅇ 밤잠 좀깨	자꾸 깨도 김기상후	발장시간 (김기+경램)	갑기	ㅇ	

	8월 29일 목		8월 30일 금		8월 31일 토		9월 1일 일		9월 2일 월		9월 3일 화	
	엄마	아이	엄마	아이	엄마	아이	엄마	아이	엄마	아이	엄마	아이
잠자러 간 시간	6:30		6:30		9:00		9:00		9:00			9:30
잠든 시간	6:10		6:50		9:40		9:30		9:35	7:00		9:00
기상 시간	6:00	6:30	7:00		5:00	6:40	5:00	7:00	6:00	7:30	5:00	5:30
엄마, 짜증내지 않다	0		△		0		△		X			
3분 마사지/	X		0		X		0		X			
자장가/음악 감상	0		X		X		X		X		X	X
아침 허그	0											
비고	밤잠 X 잠자꾸깨다가 잠듦		낮잠 자다깸 1시간		아이가 깜짝깜짝 화들짝				아이가 자다 깨다가	낮잠 2시간		

	9월 5일 목		9월 6일 금		9월 7일 토		9월 8일 일		9월 9일 월		9월 10일 화	
	엄마	아이	엄마	아이	엄마	아이	엄마	아이	엄마	아이	엄마	아이
잠자러 간 시간	10:43		9:40		10:00		9:30		8:6		9:00	
잠든 시간	10:50		9:30		10:00		9:30		9:00		10:00	
기상 시간	6:30	6:30		7:00		8:40		8:00	6:30	7:30	6:00	7:00
엄마, 짜증내지 않다	0		0		0		X		0		0	
3분 마사지/	X		X		X		0		X		0	
자장가/음악 감상	X		X		X		0		X		0	
아침 허그	0		0		0		0		0		0	
비고	낮잠 자다가 30분 음악기		아침에 좀 이랬		깜짝깜짝 깜							

아이이름	9/1 일		9월 2일		9/3 일		9.4 일	
	김윤지	경유진	윤지	유진	윤지	유진	윤지	유진
밤에 들어간 시간	9:30	9:30	10:30	10:30	8:00	08:00	8:30	8:3
누운 시간	9:30	9:30	10:30	10:30	9:00	9:00	8:30	8:3
잠든 시간	9:50	10:40	10:40	11:00	9:30	9:40	8:40	9:0
다음날 기상시간	7:50	8:20	7:40	8:00	7:00	8:00	7:00	7:30
타임머신 준비	O	O	O	O	O	O	O	O
3분 마사지	X	O	X	X	X	X	X	X
음악	O	X	X	X	O	O	O	O
아침 허그	O	O	O	O	O	O	O	O
긍정선언	O	O	O	O	O	O	O	O
만족지수(0~10)	5	5	4	4	5	2	8	8
비고			대중경향으로 계약이너무 많음해버려서 연자리 집집거림.					

다양한 미라클 베드타임 수면 루틴

각 가정에서 실천하고 있는 수면 루틴을 참고해 보자.

● 자기 전에 족욕을 꾸준히 하게 되었어요. 양치질 하는 순서가 족욕하는 순서라고 이야기하는 순간부터 삼남매가 바쁘게 움직입니다. 면역력이 올라가서인지 이번 겨울에는 아이들이 감기 한 번 안 걸리고 잘 넘어갔어요.

● 저희 아이는 8시 반에 자다가 7세가 되면서부터 9시 취침을 유지하고 있어요. 자기 전 흥분하지 않게 보살피고 엄마 아빠가 각자 책을 한 권씩 읽어 주고 나면 잠자리에 듭니다. 숙면을 취하다 보니 항상 유쾌해 보입니다.

● 아이가 조금 짜증내거나 늦게 자는 날이면 어떤 부분에서 정서적 허기가 있었을까 남편과 대화하며 풀어 가고 있습니다.

● 저희 집 수면 루틴은 매일 밤 잠들기 전, 책 한두 권을 읽어 준 다음 기도와 노래로 마무리합니다. 하루 잘 지켜 주셔서 감사하고, 내일도 신나는 하루가 되었으면 좋겠다는 내용으로 기도하고 매일 같은 노래를 불러 줘요. 이제는 노래를 불러 주면 잘 시간인지 아는 것 같아요. 큰 아이가 조리원에서 집에 온 날부터 시작했으니 어느덧 7년이나 됐네요.

● 책 읽고나서 세 줄 일기 형식으로 안 좋았던 일, 좋았던 일, 내일 할 일을 함께 이야기한 다음 기도를 해주면 자요. 가끔은 음악을 들으며 발을 주물러 줍니다.

● 9시 전에 꼭 양치질을 시켜요. 방을 약간 어둡게 한 다음 책을 읽어 줍니다.

● 간소하게 발 마사지를 합니다. 〈알람 1: 방에 들어가는 시간〉, 〈알람 2: 방에 들어가서 눕는 시간〉. 이렇게 설정해 뒀습니다. 아직 낮잠 때문에 둘째의 수면 시간 조절이 어렵지만 첫째는 아주 성공적이에요. 육아할 맛 납니다.

● 잠들기 전 매일 밤 〈오늘도 예쁘고 건강히 잘 자라 주어 고마워. 너희가 있어 엄마 아빠는 너무 행복해〉라는 말을 해줍니다.

● 아이와 침대에 누워서 오늘의 좋은 일을 말하며 하루를 돌아보는 시간을 가집니다. 그리고 사랑한다고 말합니다.

● 자기 전 놀았던 공간을 정리하고 좋아하는 그림책 두세 권을 읽어 줍니다.

● 음악과 마사지만은 빠지지 않아요. 토요일은 아이들이 엄마에게 해주는 날로 정했어요.

○ 보상 차트로 유도하는 아이의 습관

보상 차트는 아이의 긍정 행동을 강화하고, 좋은 습관을 만들기 위해서 활용되는 도구이다. 아이가 아주 작은 도전을 통해서 성공을 경험하고 특정 행동을 자발적으로 실천하도록 동기를 마련해 주는 것을 목표로 하는데, 보통 3~10세 아이들에게 가장 효과적이다. 이 차트는 아이가 주도적으로 실천하며 스티커를 직접 붙이는 과정에서 흥미를 느낄 수 있어야 지속된다.

목표는 단순해야 하는데 최대 두세 가지를 제시하고 아이가 기억하고 실천하며 성공의 경험을 누리게 해야 한다. 잠자기 전에 장난감을 바구니에 정리하기로 약속했다면, 완벽하지 않더라도 자러 가기 전에 노력한 작은 시도를 칭찬하고 스티커를 주는 것이다. 놀았던 장난감을 전부 다 정리하지 않으면 안 된다고 너무 엄격한 규칙으로 융통성 없게 대응하면 아이는 그 어떤 시도도 하지 않게 된다. 완벽하지 않아도 몸을 움직여 약속을 지키려는 시도를 했다면 기꺼이 칭찬해야 한다. 그래야 다음 날 같은 행동을 반복하며 조금씩 나아진다. 보상 차트는 아이의 마음을 움직이는 도구로 사용할 때 의미가 있다.

개선하고자 하는 목표는 아이가 의식적으로 노력해서 실현 가능한 것으로 정해야 한다. 가령, 밤 기저귀를 아직 떼지 못한 아이에게 소변 실수를 하지 않는 날 스티커를 주겠다고 하거나, 틱 장애가 있는 아이에게 틱을 하지 않으면 스티커를 주겠다고 정하면 아이에게 상처만 준다. 아무리 노력을 해도 실천할 수가 없는 일이기 때문이다. 보상 차트의 좋은 예시는 횡단보도에서 뛰지 않고 엄마 손 꼭 잡기, 엄마가 한 번만 말하면 이 닦으러 가기, 밥 먹을 때 한자리에 앉아서 30분 내에 밥 먹기 등과 같이 아이의 노력을 통해 조금씩 개선이 가능한 일이다.

12세, 10세 남매를 키우는 워킹 맘 지혜 씨는 코칭 기간이 끝난 뒤에도 아이들 학습에 보상 차트를 꾸준히 활용하고 있다. 매일 수학 문제지 2장을 4시까지 풀은 후 사진을 찍어 엄마에게 문자로 보내면 스티커를 주는데, 10장 모으면 소원권 1장을 가질 수 있다. 무엇이든 좋다. 아이들과 협상이나 타협을 하면서 규칙을 만들고, 실천하고, 피드백하고, 다시 개선해 나간다면 그 과정만으로도 충분히 의미가 있다.

5세, 4세 연년생 남매를 키우는 현서 씨는 매일 아이들 밥 먹이는 시간이 너무 힘들었다. 그래서 간식을 줄이고 정해진 시간에 밥을 잘 먹는 습관을 들이기 위해서 보상 차트를 활용했다. 타이머를 설정하여 식탁에 놓고 아이들이 밥 먹는 시간을 직접 보며 알 수 있게 했다. 돌아다니지 않고 30분 내에 밥을 잘 먹으면 스티커를 주기로 약속했다. 완벽하지는 않지만 어제보다 좋아진 부분을 찾아서 칭찬하고 스티커를 주었더니 아이들에게 잔소리를 덜하게 되었다. 밥 먹을 때 돌아다니지 말라는 잔소리보다 밥을 30분 안에 다 먹으면 보상을 한다는 제안이 아이들에게 효과적이었다.

작은 성공의 경험을 통해 성장 마인드세트를 기르자

습관을 길러 주기 위해 보상 차트를 이용할 때 주의해야 할 것이 있다. 자녀가 여럿인 경우 지나친 경쟁심으로 부작용이 일어날 수 있다. 스티커를 받은 아이가 못 받은 아이를 놀리거나, 못 받은 아이가 너무 의기소침하는 경우가 그렇다. 이런 경우 엄마가 융통성을 발휘해 스티커를 나눠 주거나 스티커 받은 것으로 상대를 놀리지 못하게 지도해야 한다.

아이의 행동에서 개선의 여지가 보이지 않을 때, 보상 차트를 적절히 사용하며 아이의 마음을 움직여 보길 바란다. 아주 작게라도 노력하는 과정을 칭찬하고 격려하며 다음에는 살짝 더 높은 목표에 도달할 수 있는 기회를 주는 것이다. 그런 과정에서 아이의 성장 마인드세트가 길러진다.

기간은 일주일에서 보름 정도로 짧게 잡아야 중간에 포기할 확률이 낮다. 우리 집만의 규칙과 문화를 만든다는 생각으로 즐겁게 임하는 게 중요하다. 육아는 세상에서 가장 창의적인 예술 행위이다. 〈엄마는 예술가〉라는 마음으로 아이디어를 구체화시켜 보자. 가족이 서로 소통하며 하루하루 더 행복한 일상을 채우는 과정에서 엄마를 예술가로 만들어 주는 아이에게 고마워하며 보람을 얻길 바란다.

보상으로는 비싼 것은 지양하고 작지만 매력적인 것을 준비해야 한다. 아이가 하고 싶거나 받고 싶은 것으로 정하면 되는데, 주말에 어차피 해야할 일을 보상에 넣고, 주중에 기대하는 마음으로 주말을 기다리게 하는 것도 좋은 방법이다. 예를 들면 주말에 엄마 아빠와 보드게임 하기, 자전거 함께 타기, 여행 가면서 호두 과자 사 먹기 등 아주 사소하고 어차피 할 일이면서 아이에게 기대감과 기다림의 즐거움을 줄 수 있는 보상이라면 충분하다. 물론 학년이 올라갈수록 아이가 바라는 것은 달라진다. 게임 시간

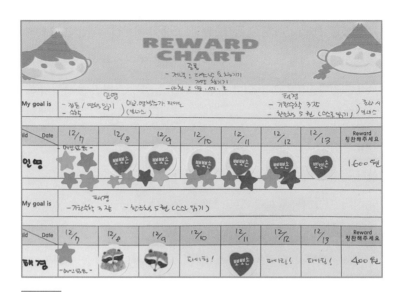

보상 차트

큰 스티커는 반드시 할 일을 했을 때 주고, 작은 별 스티커는 추가로 스스로 한 공부나 일을 했을 때 준다.

을 늘려 준다거나, 영화를 보여 주는 등 아이의 관심사와 나이에 맞게 보상을 잘 활용하면 된다.

위 보상 차트는 중학교 영어 선생님이자 두 아이의 엄마인 아미 씨의 사례이다. 학교로 복직하기 전 1년이 넘는 시간 동안 미라클 베드타임은 물론이고 보상 차트까지 꾸준히 실천했다. 보상으로는 용돈을 주는데 큰 스티커(메인 스티커)는 반드시 할 일을 했을 때, 작은 별 스티커(보너스 스티커)는 스스로 공부나 일을 했을 때 추가로 준다. 보너스 스티커는 메인 스티커가 있을 때만 용돈 효력이 있다. 이 때문에 두 남매가 보너스 받을 것이 더 없는지를 늘 생각하며 엄마 마음에 드는 일을 찾아서 스스로 한다. 일주일 기준, 2천 원 한정이다. 이렇게 모은 돈으로 자신들을 돌봐 주는 할아버지 할머니에게 음료나 간식을 사드린다. 물론 아이 본인이 사고 싶은 물건도 산다. 공부 습관은 물론이고 생활 습관도 가르쳐 주고, 돈의 개념과 저축의 개념까지 함께 배우는 용도로 보상 차트를 잘 활용한 사례이다.

아래 보상 차트는 카자흐스탄 키맵 대학교 영문과 교수이자 삼형제를 키우는 수진 씨의 것이다. 삼형제의 나이에 맞게 목표를 직접 쓰게 하고, 아

보상 차트
목표를 직접 쓰게 하고 각자 얻고 싶은 것을 보상란에 적게 한다.

직 글이 서툰 아이는 엄마가 써준다. 보상도 각자 얻고 싶은 것을 미리 생각하게 하고 이를 적는다. 어차피 주말 즈음 아이들에게 사주게 되는 간식거리, 작은 이벤트 등을 보상으로 미리 정해 두면 주중에 할 일도 효율적으로 시킬 수 있으니 일석이조이다. 마침 크리스마스가 포함된 주간인데도, 아이들 수준에 매우 도달하기 쉬운 목표로 설정하고 하루도 빠짐없이 실천하는 모습이다.

엄마에게도 칭찬 스티커를 허락하자

아이에게만 변화를 요구하기보다 부모 역시 아이에게 본보기가 될 만한 습관을 하나 정하고 함께 실천해도 좋다. 눈에 잘 보이는 곳에 차트를 붙여 놓고 온 가족이 서로 격려하며 실천하도록 한다. 예를 들어서 엄마도 스마트폰 보는 시간 줄이고 집에 오면 거실에서만 사용하겠다고 공식적으로 선언하고 매일 스티커를 붙인다면 엄마의 노력하는 모습이 아이에게 본보기가 된다.

〈이번 달 엄마 미션을 화내지 않는 엄마로 정하고 싶은데 어떻게 인증하면 좋을까요?〉라는 질문을 종종 받는데 여기서 비롯된 보상 차트 응용법이 있다. 〈매일 15분 책 읽어 주기〉 같은 미션은 인증 사진이라도 찍을 수 있지만, 화를 냈는지 안 냈는지는 인증하기가 어렵다. 그 인증을 거꾸로 아이에게 받는 것이다. 〈엄마 오늘 어땠어? 엄마 이만하면 오늘 화 안내고 잘 참았지?〉 아이의 속마음까지 읽을 수 있는 대답을 매일 두근거리는 마음으로 기다려 보자. 엄마 말 잘 듣는 아이로 키우는 방법만 찾을 것이 아니라, 엄마도 아이 마음에 쏙 드는 엄마가 되어야 한다. 아이에게 칭찬 스티커 받으며 엄마 마음까지 말랑말랑해지길 바란다.

현명한 부모는 지시하지 않고
환경을 만든다

4장

○ 훈육이 통하지 않는 이유

「우리 아이는 왜 말을 안 들을까요?」

「제가 무슨 말만 하면 아이는 짜증을 내요.」

「우리 집 아이는 아예 귀를 막고 그만 말하라고 소리를 지릅니다. 버릇이 너무 없어요.」

많은 부모가 이런 하소연을 한다. 주아 씨도 마찬가지이다. 7세, 4세 두 아들 정민이와 정훈이를 키우는 워킹 맘 주아 씨는 큰아이의 예민하고 까칠한 성격 때문에 키우면서 마음고생을 꽤나 했다. 코칭 시작 전에 여러 질문을 통해서 가정의 분위기를 짐작하고 상황을 파악하는 시간을 가졌다.

> 제가 허리가 아파서 침대에서 자게 된 뒤로는 작은아이와 저는 침대, 아
> 빠는 거실, 정민이는 침대 아래에 이불을 깔고 자요. 방이 좁아서 침대
> 를 추가로 놓기도 어렵고, 따로 자는 건 무섭다고 하고요. 한 침대에 세
> 모자가 함께 자는 것도 어려운 상황이에요. 정민이는 일곱 살이 되도록
> 제 손을 만져야 잠이 온다며 침대 아래에서 매일 손을 뻗어서 저를 만지
> 면서 자요.

침대 위에 누워 있는 엄마 몸의 일부라도 만져야 잠이 오는 아이는 매일
어떤 마음으로 잠이 들었을까? 손을 뻗어서라도 엄마를 만져야 하는 이유
는 뭘까? 늘 엄마 옆에서 자는 동생에게 과연 정민이는 형답게 행동할 수
있었을까? 주아 씨의 입장에서 당장 할 수 있는 최선의 방법은 무엇일까?
코칭을 받은 지 1주일 뒤 주아 씨는 침대를 없앴다는 소식을 전해 주었다.

아이의 진짜 속마음을 읽어 주자

자녀 교육서에 자주 등장하는 조언 중 하나가 바로 〈아이의 모든 감정을
수용하고, 행동에는 한계를 정하라〉라는 말이다. 아이는 자신이 원하는 일
이 뜻대로 되지 않으면 화를 내고 떼를 쓰는데 아직 사회화가 덜된 미성숙
한 존재로서 당연하고 자연스러운 감정 표현이다. 물론 아이의 기질이나
성향에 따라서 반응의 강도나 표현의 차이는 있지만, 대부분의 아이는 자

신의 느낌을 온몸으로 표현한다.

아이와 함께하는 시간 동안 부모는 수많은 고민을 한다. 〈떼쓰는 아이의 행동을 바로잡지 않으면 버릇 없어지지 않을까?〉 〈왜 우리 아이는 하지 말라는 말을 아무리 해도 달라지지 않을까?〉 〈동생이랑 왜 이렇게 싸울까?〉 매번 같은 말을 반복할 때마다 부모로서의 역량에 한계를 느낀다. 이때 우리가 자녀 교육서에서 배운 대로 아이의 감정을 읽어 주면 문제가 해결되는 걸까?

형제 사이가 좋지 않아 자주 다투는 모습을 보는 주아 씨는 아이의 마음을 알아 주기 위해서 진지하게 노력했다. 육아서에서 배운 대로 아이 마음을 읽어 주었고, 정확한 행동의 한계와 방향도 알려 주었다. 「동생이 네 장난감을 만져서 속상했구나. 다음부터는 소중한 물건은 안전하게 잘 두도록 하자.」

아이의 감정을 이해하는 말투로 달래 주면 잠깐 좋아질 뿐 형제 사이가 근본적으로 바뀌지는 않았다. 둘의 성격이 다르다고 생각하며 마음을 내려놓으려고 했지만 사사건건 다투는 걸 보면서 〈나의 양육법에 무슨 문제가 있을까〉 고민이 되었다. 아이의 행동을 개선하기 위해서 어떻게 훈육하면 좋을지 많은 부모가 고민한다. 하지만 훈육의 목표는 아이의 문제 행동을 수정하는 일이 아니라 감정 조절 능력을 키워 주는 일이다. 어떻게 아이의 행동을 개선할지 고민할 것이 아니라 어떻게 아이가 스스로 감정을 조절하게 할지를 고민해야 하는데, 여기에는 아이의 진짜 속마음을 읽어 주는 것이 선행되어야 한다.

○   공평한 부모되기

감정을 수용하고 행동 지침도 잘 내려 줬음에도 근본적인 변화가 생기지 않는 원인은 무엇일까? 불공평이 개선되지 않았기 때문이다. 감정을 수용해 주면 겉으로는 괜찮아진 것처럼 보이지만 속은 여전히 곪아 있다. 그런데 잠자리 형태를 바꾼지 불과 3주 만에 정민, 정훈이 형제는 예전보다 사이가 좋아졌다. 갑자기 정민이가 너그러워진 이유는 무엇일까?

부모로서는 최선을 다해서 부모 노릇을 하고 있다고 믿어도 아이 입장에서는 불공평함을 느끼는 순간이 많다. 유난히 첫 아이에게는 엄격하고 막내에게는 너그럽지 않았을까? 아들에게는 넉넉하게 베풀면서 딸에게는 야박하게 대하지는 않았을까? 반대의 경우도 마찬가지이다.

자라면서 부모에게 서운했던 순간들이 있다. 형편이 어려워서 못해 준 것은 서운하지 않다. 하지만 불공평함을 느낄 때는 다르다. 〈나는 아빠 생각해서, 엄마 힘들까 봐, 말도 안 하고 참았는데, 언니나 오빠에게는, 동생에게는 없는 돈도 쥐어짜서 턱하니 해주다니.〉 이런 생각이 들 때 말로 표현할 수 없는 서운함, 심지어 배신감마저 든다. 불공평함이 주는 억울함이다.

정민이도 침대 위에서 엄마와 함께 자는 동생을 보면서 불공평함을 느꼈기 때문에 일상에서 사사건건 동생과 다투고 짜증이 많은 아이가 되었던 것이다. 잠자리 환경이 바뀐 아이는 별다른 훈육을 하지 않았음에도 태도가 바뀌었다. 짜증이 줄고, 공부도 즐겁게 했다. 잠잘 때는 엄마를 가운데 두고 두 아들이 나란히 누워서 잔다고 한다. 더 이상 침대 위에 있는 엄마를 느끼기 위해서 벌서는 아이처럼 팔을 들지 않아도 된다.

아이 마음에 일부러 상처를 주는 부모는 없다. 아이가 말을 듣지 않을 때, 육아가 내 마음대로 되지 않을 때, 아이와 대화가 통하지 않을 때면 아이의 행동을 지적하고 개선을 시도하기 전에 부모 스스로 질문해 보아야 한다. 〈나는 과연 공평한 부모인가?〉 아이의 부적절한 행동이 부모의 불공평한 처사와 일관되지 않은 훈육에 원인이 있는 건 아닐지 깊게 고민해야 한다. 이 질문의 답은 부모 입장이 아니라, 아이 입장에서 찾아야 한다. 아이의 부정적인 언행은 부모의 불공평한 처사에 대한 반응이라는 것을 명심하면서 말이다.

○   중심추가 되는 부모

얼마 전까지만 해도 우리 집에는 낡은 아날로그 체중계가 있었다. 시간이 지나면 중심추 역할을 하는 영점 바늘이 제자리를 이탈해서 체중을 재기 전에 영점을 확인해야 했다. 생각보다 체중이 많이 나오기라도 하면 인정하고 싶지 않은 마음에 얼른 내려가서 영점 바늘이 제자리에 있었는지부터 확인하곤 했다. 중심추는 어떤 상황에도 중심을 잃어서는 안 된다. 부모도 그렇다. 부모가 중심을 잃으면 아이는 불공평함을 느낀다. 불공평이 개선되지 않으면 부모가 아무리 감정을 수용해도 아이는 온전히 존중받았다고 느끼지 못한다.

아이의 모든 감정은 존중받아야 하고, 부모는 아이의 행동을 올바른 방법으로 바로잡을 책임이 있지만, 그 전에 부모의 기준점, 중심추가 제자리에 있는지부터 확인해야 한다. 좌우 어느 한곳으로 치우치지 않고 중심만 잘 지켜도 아이의 문제 행동이 자연스럽게 줄어든다. 특히나 형제나 자매 사이가 좋지 않다면 아이들에게 사이좋게 지내라고 말할 것이 아니라 아이 입장에서 중심추를 확인해 볼 필요가 있다.

급한 일이 있으면 뭐든 큰아이에게 부탁하면서 고마움 표시 없이 당연하게만 여기지는 않았는지, 둘째 아이의 실수는 봐주면서 첫째 아이의 실수는 냉정하게 질책하지는 않았는지 돌아봐야 한다.

둘째 키우듯 첫째를 키우란 말도 있다. 첫째 아이가 공평한 사랑을 받으며 부모에게 존중받고 있다고 느낄 때, 시키지 않아도 그 사랑을 동생에게 전할 만큼 너그러워진다. 아이에게 변하라고 말하기 전에 아이 입장에서 사랑을 느낄 수 있게 해주는 것이 먼저이다.

외동아이라면 어떤 부분에서 불공평함을 느낄까? 비교할 형제, 자매는 없지만 기준과 일관성이 없는 훈육을 했던 건 아닌지 부모 스스로 돌아봐야 한다. 기준이 없기 때문에 부모의 기분이 좋을 때는 허용하고, 기분이 나쁠 때는 허용하지 않으면 아이는 무엇이 옳고 그른지 제대로 배우지 못한다. 표정과 말투만 달라도 아이는 다르게 받아들인다. 기준을 세우고, 부모의 중심추가 제자리에 있을 때 아이와의 관계가 건강하게 유지될 수 있다.

훈육하기 전에 아이 마음 얻기

〈미라클 베드타임〉 코칭을 받은 지 3주 만에, 침대를 치운 지 2주 만에 주아 씨는 이런 소식을 전해 주었다.

정민이가 저를 등 뒤에서 슥 안으며 이렇게 말하더라고요. 밖에서 기도하고 왔다고. 우리 가족 웃으면서 행복하게 살게 해달라고, 자기 소리 안 지르게 해달라고. 그 얘기를 듣는데 얼마나 놀랐던지요. 아이는 무슨 행동을 해야 하는지, 하지 말아야 하는지 이미 다 알고 있는데 엄마에게 자기 마음 알아달라고 반항하는 거였구나 싶어 가슴이 너무 아팠어요. 제 손을 잡지 않으면 잠을 못 자던 아이가 이틀째 아빠 옆에서 곤히 잠들었어요. 아이가 밝아졌고, 짜증으로 가득했던 말투도 상냥해졌어요. 온 가족이 함께 자면서 아빠와도 더 친해진 것 같아서 기쁘고 감사해요.

까칠한 성격을 나무라거나 부정적인 표현을 하는 아이를 탓하기 전에, 침대를 빼고 잠자리를 바꾸면서 엄마가 형제를 똑같게 사랑하는 것만 제대로 느끼게 해주었을 뿐이다. 정민이 입장에서는 저울의 중심추가 제자리로 돌아온 느낌이었을 것이다. 결국 주아 씨의 많은 육아 고민이 해결되었다.

지금 우리 가정에는 어떤 고민이 있는가? 부모는 아이의 숨은 마음까지 읽는 연습을 해야 한다. 아이를 탓하기 전에, 마음의 중심추가 제자리를 이탈하지 않았는지 객관적으로 바라보자.

○　**남편을 내 편으로 만들기**

　미라클 베드타임이 가정에 온전히 정착하려면 남편의 도움이 절실하다. 자라 온 환경이 다른 만큼, 남편과 아내의 교육관과 라이프 스타일이 다를 수밖에 없다. 아내의 의견을 잘 따르는 남편도 많지만, 부부의 의견이 좁혀지지 않을 경우에는 어떻게 하면 좋을까?

　각 가정마다 유난히 공통적인 고민이 있다. 「저는 우리 집 〈큰 아들〉이 제일 힘들어요.」 큰 아들은 남편이다.

　「아이 아빠가 게임을 좋아해요. 퇴근하면 소파에 누워서 TV 보면서 쉬는 걸 당연하게 생각하고요. 자신도 하고 싶으면 언제든지 하는 만큼, 아이도 통제하지 않아요. 늦은 시간 아빠가 영상을 보거나 게임을 하면 당연히 아이들이 현혹되어서 자려고 하지 않고 아빠 주변을 맴돕니다. 여러 차례 남편에게 부탁을 해봤지만 〈내가 왜 하루 종일 일하고 와서 아이들 때문에 TV도 못 보느냐〉고 말하며 화를 내기도 해요.」

　「아이들 먼저 재우고, 남편도 하고 싶은 거 실컷 하면 좋겠는데요. 한쪽 방에서는 아이 재우려고 애를 쓰고, 다른 방에서는 텔레비전 소리가 나니, 아이들 수면 시간이 계속 늦어지고 산만한 느낌이에요. 결국 제가 화를 내고 무섭게 해야 아이들이 겨우 제 말을 듣습니다. 남편의 무심함과 배려 없는 행동에 매일 밤 저의 짜증이 습관처럼 반복되는 느낌이에요. 하루 중에 아이와 함께하는 시간이 길지도 않은데, 아이들이 잠들 때까지는 일관성 있는 말과 행동으로 생활 습관을 잡아 줄 수 있으면 좋겠어요.」

아이를 일찍 재우고 공부 습관을 잡아 주는 미라클 베드타임을 꼭 실천하고 싶은 아내의 마음이 충분히 이해된다. 그렇다고 아내가 남편을 바꾸겠다고 잔소리만 하다 보면 부부 싸움만 잦아질 뿐이다. 미라클 베드타임을 실천하려면 배우자의 동의와 협력이 절실하게 필요한데 어떻게 하면 좋을까?

잔소리보다 질문을 통해 바꿔 보자

긴 시간을 두고 꾸준히 노력한다고 마음먹으면 의외로 배우자가 금방 바뀌기도 한다. 돈이 드는 것도 아니고, 생활 습관을 조금만 바꾸면 바로 긍정적인 변화가 나타나며, 아빠로서도 살맛 나는 변화이기 때문이다. 잔소리 대신 질문으로 자연스럽게 유도해 보자.

「아이들 잠들고 조용하니까 너무 좋다. 당신이랑 둘만 조용히 있으니 그냥 좋다!」

「아이들 일찍 자니까 아침에 짜증도 덜 내고 밝아진 것 같지 않아?」

「당신도 밖에서 고생 많지? 밖에서 버는 것도 중요하지만, 우리 안에 좋은 것들이 새어 나가지 않게 관리하는 것도 중요한 것 같아.」

「성공한 사람들의 공통적인 습관이 일찍 자고 일찍 일어나는 거라던데. 우리 애들도 중학생 돼서 우리보다 늦게 자고, 밤 늦게까지 게임하고 그러면 어떡해. 아직 사춘기 오기 전에 나는 일찍 자는 습관을 꼭 좀 가지게 해 주고 싶은데. 당신 생각은 어때?」

남편에게 요구하기 전에 작은 부분만이라도 먼저 실천한다

평온하게, 끈기 있게 실천해야 한다. 타인에게 신앙을 가지라고 백번 말하는 것보다 꾸준한 신앙 생활을 통해 변화된 모습을 보여 주는 것과 같은 이치다. 아내가 하자는 대로 해주는 남편이라면 참 고맙겠지만 그렇지 않은 남편이 더 많다. 오늘도 속상한 마음은 살짝 내려놓고 먼저 아이들에게 할 수 있는 부분만 실천해 보자. 〈왜 나만 참아야 해? 나만 노력해야 해?〉라는 말이 목구멍까지 올라올 테지만 그러한 노력이 없다면 악순환이 반복될 것이고 그저 그런 날로 우리의 일상이 채워진다. 누군가 일정 기간 희생이라면 희생이고, 노력이라면 노력을 시작해야 한다. 부부 중에 그릇이 더 큰 사람이 보란 듯이 시작하는 것이다. 아마도 이 책을 보고 있는 사람이지 않을까.

저희 남편도 비협조적이었어요. 소파에 누워만 있고요. 그런데 제가 아이들을 시간 맞춰서 일찍 재우기 시작했어요. 원래는 아이들이 늦게 일어나서 아침에 남편이 나갈 때 인사 한 번 한 적이 없었어요. 남편도 무슨 도둑고양이처럼 출근 준비를 했고요. 요즘에는 아이들이 일찍 일어나서 출근하는 아빠 배웅을 해주니까 너무 좋아하는 거예요. 어제는 밤 9시도 안 되었는데 남편이 먼저 아이들에게 〈자러 가자!〉 하면서 방에 들어가서 책을 읽어 주더라고요. 이런 게 바로 행복이고 기적이 아닐까 싶어요! 제가 요즘 매일 콧노래를 불러요.

코칭받은 지 두 달 정도 지났을 무렵 이런 소식을 준 엄마도 있다.

미라클 베드타임을 하고 가장 감사했던 일은 제가 남편을 대하는 태도가 달라졌다는 거예요. 예전에는 아이들을 문화 센터 데리고 다니고 학원 끌고 다니느라 남편이 저녁을 어디에서 먹든 상관도 안 했거든요. 미라클 베드타임을 하면서 스케줄 다 줄이고 저녁 시간을 차분하게 보내려고 했어요. 남편이 퇴근하고 집에 왔을 때 가장으로 존중받는 느낌을 받은 것 같아요. 예전에는 일이 많아서 늦었던 건지 일부러 늦었던 건지 잘 모르겠지만요. 요즘엔 꼭 일찍 들어와서 아이들 잠들기 전에 잠깐이라도 찐하게 놀아 주는데요. 이게 진정 행복이구나, 하는 생각이 들어요. 달라진 것이 없는데 더 많이 웃고, 더 많은 순간 행복을 느끼고 있어요! 남편도 예전보다 퇴근길이 즐겁다고 해요!

○ 긍정적으로 변한 우리 가족의 모습 상상하기

얼마 전 블로그 이웃 중 〈엄마는 과학쌤〉이 주선하는 한 독서 모임에서 내가 쓴 『9시 취침의 기적』을 지정 도서로 정하고 북토크를 했다. 그 자리에서 1여 년 전 미라클 베드타임 코칭에 참여했던 한 엄마가 이런 말을 했다.

남편이 먼저 책을 보고 저에게 아이들을 일찍 재워 보자고 제안을 했어요. 저는 수많은 이유를 들어서 우리는 아이를 일찍 재울 수 없다고 했지요. 세 남매를 키우는 워킹 맘으로서 불가능하다고 생각했고요. 지금은요? 오늘도 저보다 아이들이 30분 먼저 일어나서 책을 봤어요.

9세, 7세 남매를 키우는 은아 씨는 여전히 비협조적인 남편 때문에 마음고생을 하고 있다. 하지만 은아 씨는 아이에게 바른 습관을 만들어 주기 위해서 저녁 루틴을 철저히 지키고 있다. 배우자가 변하기만을 기다리며 아까운 시간을 낭비하기보다는 당장 자신이 할 수 있는 것부터 실천하며 남편의 참여를 기다리는 은아 씨의 모습이 보기 좋았다. 부부가 로또인 이유는 평생 맞지 않아서라고 한다. 처음부터 척척 맞기를 기대하긴 어렵다. 다만 누구라도 먼저 루틴의 가치를 믿고 실천할 때 변화가 시작된다.

부부가 아이들과 함께 있을 때와 부부 둘만 있을 때를 비교해 보자. 아이들과 함께 있을 때 부부가 나누는 대화는 속 깊은 소통의 언어가 아니라 생활에 필요한 내용을 전달하는 수준에 불과하다. 하지만 아이들이 잠들고 조용한 분위기가 조성되면 단 한마디를 하더라도 차분한 마음으로 서로에게 집중할 수 있다. 경청하고 공감하는 상황이 늘어난다. 아이들이 일찍 잠들기만 해도 부부가 편안한 마음으로 소통할 수 있다.

미라클 베드타임이 무엇인지 잘 모르는 사람에게 실천만 강요하면 불편할 수 있다. 〈나는 옳고 당신은 틀리다〉는 생각은 하지 않기를 바란다. 특히 아이들 앞에서 싸우지 않기를 바란다. 이 책을 읽고 누구라도 먼저 할 수 있는 일을 찾아 실행함으로써 상대방의 변화를 조용히 끌어내기 바란다.

Miracle
Bedtime

3부

취침 습관은
아이의 학습 태도에
어떤 영향을 주는가

☐ 근성과 태도 만들기

시간 개념이 있는 아이는 자기 주도 학습력이 강하다

5장

○ **교육의 가치관이 흔들리지 않도록 기준 만들기**

일찍 재우기로 마음 먹은 이상 한정된 시간 속에서 하고 싶은 것, 남이 하자고 하는 것, 남들이 다 하는 것을 모두 할 수는 없다. 그럼에도 교육에 관한 한 자식에게 무엇이든 해주고 싶은 게 부모 마음이다. 취침 습관을 만들자니 뭔가는 포기해야겠고, 그러면서도 하나라도 더 가르치고 싶은 부모의 이중적인 마음에 미라클 베드타임은 어떻게 다가갈까?

김연아 선수는 보기만 해도 자랑스럽다. 특히나 커피 광고에서 그림을 그리는 모습을 보면 진짜 화가라는 착각도 든다. 왠지 김연아 선수라면 피겨 스케이트와 전혀 상관없는 분야도 모두 잘해 낼 것 같다. 비결은 바로 비인지 능력에 있다. 피겨 스케이트 하나로 세계 최정상에 오르기까지 수많은 실패를 통해 그가 얻은 것은 단지 피겨 스케이트 실력이 아니다. 어떤 순간에도 집중하는 몰입의 힘, 자신의 한계를 의심하지 않고 믿는 자아 존중감, 좌절하지 않고 다시 일어서는 회복 탄력성, 포기하지 않고 끝까지 해내는 그릿과 같은 비인지 능력이다. 고통을 이겨 낸 뒤에만 얻을 수 있는 열매의 달콤함을 김연아 선수는 안다. 힘든 것을 하나하나 극복해 가는 과정에서 느끼는 성취감 말이다. 그는 앞으로도 삶을 근사하게 이끌어 나갈 것이다. 다산 정약용 선생의 말, 하나를 배워서 열을 알게 해야 한다는 말이 이럴 때 쓰는 게 아닐까.

　김연아와 같은 세계 최고 선수가 아닌, 지극히 평범한 내 아이에게 어떻게 비인지 능력을 키워 줄 수 있을까? 아이에게 하나를 가르쳐서 열을 알게 하고 싶다면, 비인지적 측면에서 아이의 현 상황을 살펴 보자. 피아노 학원을 보내서 피아노만 배우게 하는 것은 비효율적인 교육 방식이다. 진도에만 관심을 둘 게 아니라, 그것을 통해서 아이가 느끼는 배움의 즐거움, 할 수 있다는 자신감, 배우는 과정이 힘들어도 참고 이겨 내는 근성, 성실하고 꾸준히 연습하는 태도, 자신을 표현하는 자유로움, 음악과 함께 살아가는 삶의 풍요로움 등 눈에 보이지 않고 측정하기 힘든 비인지 능력이 자라고 있는지에 관심을 가져야 한다. 무엇을 가르치건 과목은 도구일 뿐이다. 비인지 능력에 관심을 두면 아이가 배움에 임하는 태도가 보인다. 스스로 즐겁게 하는지, 억지로 하는지. 후자일 경우 방법을 바꾸거나 개선이 필요하다.

　자녀에게 무엇을 어디까지 해줘야 할지 음악 교육을 예로 들어보자. 피아노는 기본이고 오케스트라 합주에 참여할 관악기나 현악기도 하나 가르친다. 노래를 잘하면 사회생활 할 때 분위기도 잘 맞출 수 있어 유리하니 정통 성악 전공자에게 발성을 배우게 하거나 실용 음악 학원에 보낸다. 이 예가 과장된 것처럼 보여도 사실, 많은 부모가 이렇듯 하나 가르쳐서 겨우 하나를 배우는 식으로 여러 가지 사교육을 시킨다. 그나마 하나라도 제대로 배운다면 다행이다.

　부모가 밥상을 차려 주고 일일이 떠먹여 줄 수 없다. 부모는 비인지 능력이 아이의 인생 그릇이라고 믿고 크고 견고한 그릇을 만들어 주기 위해 최선의 노력을 할 뿐이다. 그릇은 아이가 살아가면서 알아서 채워야 한다. 부모는 아이가 견고한 비인지 능력을 토대로 마라톤 같은 인생, 도전하고, 실패하고, 다시 일어서고, 성장하는 기쁨을 누리며 성실하게 살아가도록 곁에서 응원만 해주면 된다. 일일이 다 가르쳐 주려고 애써 봤자 제대로 배우지도 못하고 오히려 배움 자체에 겁을 먹고 도전조차 안 하게 된다. 아이가 배움에 무기력한 모습을 보인다면 부모의 부지런함과 열정이 비인지 능력보다 아이의 학습적인 부분, 인지 능력에만 초점을 두고 있는 건 아닌지 곰곰히 생각해 보자.

일상에서 비인지 능력을 키운다

비인지 능력을 높이려면 평소 아이에게 직접 선택하고 행동하고 스스로 피드백하는 과정을 통해 더 나은 선택을 할 수 있는 기회를 주어야 한다.

비인지 능력을 높이는 4단계 ▶ 목표 설정 ▶ 계획 수립 ▶ 과제 실행 ▶ 피드백/수정&보완

기회를 주었다면 아이가 선택한 목표를 꾸준히 실천할 수 있도록 시간적 여유도 만들어 주어야 한다. 무엇보다 지속적으로 해 나갈 수 있도록 부모의 관심도 필요하다. 무엇이든 완전히 내 것이 될 때까지는 끊임없는 연습이 필요한데 지나친 사교육으로 아이가 너무 바쁘면 관심사를 제대로 꽃피우기 어렵다.

내 막내 아이의 경우, 잘하고 싶은 것 하나를 스스로 찾을 때까지 기다렸다. 재능이라고 보기 어려울 만큼 소소한 그 무엇이라도 말이다. 아이가 선택한 것은 바로 물구나무서기에서 조금 더 발전한 백 플립이었다. 틈만 나면 연습하고 또 연습하고, 내 휴대폰을 빌려서 자신의 모습을 촬영하고, 돌려서 다시 보고, 무엇이 부족한지 다시 연습해 보는 과정을 수없이 반복하며 자신의 모습을 셀프 피드백했다. 아이의 비인지 능력이 자라는 순간이었다. 엄마가 중간에 개입하면 아이의 자발성과 흥미가 줄어들 수 있어서 나는 아이의 안전만 살폈다. 리듬 체조 학원이든 케이 팝 댄스 학원이든 아이가 원하면 보낼 수 있었지만 집에서도 충분히 몰입하는 모습이 기특해

그냥 지켜보기로 했다. 매일 조금씩 나아지더니 아이는 마침내 호주 여행 중 백 플립에 성공했고 인생 사진도 건졌다. 아이의 모습을 곁에서 본 외국 관광객들이 박수를 보내자 아이는 자신의 성과에 큰 자부심을 느꼈다.

　말콤 글래드웰은 그의 저서 『아웃라이어』에서 작은 차이가 큰 차이를 낳는 기회를 만들고, 그것이 또 다른 기회를 만들면서 천재적 아웃라이어(각 분야에서 큰 성공을 거둔 탁월한 사람)로 거듭나게 된다고 말한다. 또한 아웃라이어는 처음부터 아웃라이어가 아니라 보통 사람이 대개 30초만에 포기하는 것을 22분간 붙잡고 늘어지는 끈기와 지구력, 그리고 의지의 산물이라며 비인지 능력을 강조한다.＊ 한 분야의 전문가가 되기 위해서는 1만 시간의 연습이 필요하다고 한다. 물구나무서기 연습에 몰입하는 아이를 보면서 내가 주목했던 것은 반드시 백 플랩을 성공시키는 모습이 아니라, 정말 하고 싶은 분야가 생겼을 때 스스로 1만 시간을 거뜬히 연습해 낼 수 있는 힘, 비인지 능력이 향상되는 경험이었다.

　비인지 능력은 부모의 교육 가치관에 따라 일상에서도 얼마든지 키울 수 있다. 다른 아이들과의 경쟁을 통해 우수한 성적을 내는 것으로만 아이의 실력을 인정하기보다 아이 자체에 초점을 맞춰 보자. 나는 대단한 기술과 지식을 선행으로 가르치기보다 아이가 자발적으로 하고 싶은 일을 선택하고, 목표를 세우고, 그 목표를 향해 계획을 실행하고, 부족한 점을 셀프 피드백하는 사이클을 일상에서 반복하게 했다. 매일 분량을 정해 학습

＊ 말콤 글래드웰, 『아웃라이어』, 노정태 옮김(파주: 김영사, 2008), 283쪽.

학습력 좋은 아이의 비밀

비인지 능력이 높은 사람은 목표에 쉽게 도달한다. 비인지 능력은 끈기, 자아 존중감,
그릿과 같은, 살아가는 데 꼭 필요한 힘을 말한다.

지를 풀거나 학원에서 레벨을 따지며 친구와 경쟁하지 않아도 일상에서 작은 성취를 경험한 아이는 다른 일을 할 때도 같은 방식으로 성공 경험을 늘려갔다. 놀랍게도 작은 성공 경험이 늘어날수록 더 많은 성공 결과를 만들어 냈다. 그 시작은 아주 사소한 호기심, 엄마 침대 위에서 연습하던 백 플립뿐이었다.

학령기에 접어 든 막내는 백 플립 성공 사이클을 공부에도 그대로 적용

하고 있다. 독서는 물론 영어와 수학도 자신에게 맞는 공부 방법을 찾아서 성실하게 반복하고 연습한다. 무엇이든 과감하게 시도하고 도전할 수 있는 이유는 집중력, 끈기, 자신감과 같은 비인지 능력이 아이의 시작점을 높여 주었기 때문이다.

아이라고 마냥 노는 게 좋을까? 그렇지 않다. 비인지 능력을 먼저 키워 주면, 아이도 책임이 생겼을 때 스스로 절제하고, 힘들어도 노력하는 과정을 즐긴다. 비인지 능력을 키운다는 측면에서 아이의 관심사를 바라보고 기다려 주면 아이는 매일 성장한다. 하나에서 열을 배우면서 말이다. 비싼 돈 들여 무언가를 미리 가르치려고 하기보다, 아이가 좋아하는 것을 찾고 그것에 몰입하는 시간을 존중하고 기다려 주면 강점을 찾고 약점을 보완하려는 의지가 자발적으로 생긴다.

비인지 능력을 키우면 평생 학습이 가능하다

아이의 성과나 인지 능력에만 관심을 두면 속상할 일이 많지만 비인지 능력을 우선순위에 두면 엄마의 역할이 한결 가볍다. 회장 선거에서 꼭 회장이 되지 않아도, 수학 경시 대회에서 1등을 하지 않아도, 영어 학원에서 상급반이 아니어도 개의치 않는다. 아이가 좋아하는 일을 스스로 찾고, 몰입하며 어제보다 성장한 모습을 지켜 보는 것만으로도 충분히 대견스럽기 때문이다. 롱 보드 하나로 세계 여행을 하고 유튜브 스타가 되는 세상이다. 틀에 박힌 지식 공부만을 강요받으며 자란 아이는 인지 능력에만 집중하다가 AI에 대체되는 삶을 살기 쉽다.

그렇다고 인지 능력, 즉 학교에서 하는 공부와 성적이 중요하지 않다는 것이 아니다. 빠르게 변하는 세상, 새로운 기술과 정보를 흡수하는 인지 능력도 그에 못지않게 중요하다. 다만 비교나 경쟁, 성적에 연연해 아이를 과도한 경쟁으로 내몰지 말자는 뜻이다. 1등이나 선행 학습보다 중요한 것은 공부에 대한 긍정적인 정서를 가지고 새로운 지식을 거부 반응 없이 받아들이려는 태도이다.

배움의 과정에서 즐거움을 느끼게 하자

배움에 대한 긍정적 정서를 가지고 비인지 능력을 키우는 학습법은 무엇일까? 한글을 배우는 과정을 예로 들어보자. 옆집 아이는 한글을 술술 읽는데 내 아이는 아직 받침 없는 글자도 못 읽는다. 엄마가 속상한 마음에 아이를 윽박지른다면 인지 능력에 관심을 둔 접근이다. 반면 아이와 쪽지를 주고받으며 글로 마음을 표현할 때의 희열과 소통의 기쁨을 느끼게 하고 있다면, 비인지 능력에 관심을 둔 접근이다. 아이가 글자를 삐뚤삐뚤하게 쓰더라도 연습을 반복하며 자신의 생각을 글로 표현하는 과정 자체를 즐기게 된다.

유대인은 아이에게 처음 알파벳을 가르칠 때, 손가락에 꿀을 찍어 알파벳 글자를 따라 쓰게 한다. 배움은 꿀처럼 달콤하다는 것을 체험하게 하려는 것이다. 배움에 대한 이와 같은 생각은 동화책 패트리샤 폴라코의 『꿀벌 나무』의 한 장면에도 잘 나타난다. 손녀딸 초롱이가 책 읽기 싫다고 투정을 부리자 할아버지는 꿀을 한 숟갈 떠서 초롱이의 책 표지에 얹어 준다.

그러고는 이렇게 말한다.

「책 속에도 바로 그렇게 달콤한 게 있단다! 모험, 지식, 지혜… 그런 것들 말이야. 하지만 그건 저절로 얻을 수 있는 게 아니야. 네가 직접 찾아야 한단다. 우리가 꿀벌 나무를 찾기 위해서 벌을 뒤쫓아 가듯, 너는 책장을 넘기면서 그것들을 찾아가야 하는 거란다!」

그러고 나서 할아버지는 부드럽게 웃으며 초롱이를 꼭 안아 주었다. 그 뒤로 초롱이는 어떤 마음으로 책을 읽었을까? 그 그림책을 읽으며 내 아이는 대학 졸업장 하나로 평생을 버티는 사람이 아닌 공부를 꿀처럼 달콤한 것으로 여기고 늘 배우고 성장을 즐기는 사람으로 크면 좋겠다는 바람을 가졌다. 미라클 베드타임을 하며 아이의 비인지 능력에 관심을 가지는 매 순간, 육아도 꿀처럼 달콤한 것이라는 걸 어렴풋이 느끼길 바란다.

아이를 믿을 용기를 내자

〈10년 넘게 귀엽고, 차분하고, 행복하고, 행실도 바르던 아이가 어째서 어느 날 갑자기 낯선 사람으로 돌변하고 마는 것일까? 당신의 아이는 변화하고 있고, 자신이 누구인지 확인하려 애쓰고 있다. 아이들의 뇌와 몸은 광범위하게 재조직되고 있다. 겉으로 보이는 아이들의 무모함, 무례함, 우둔함은 아이의 잘못이 전혀 아니다.〉[*] 프랜시스 젠슨이 쓴 『10대의 뇌』의 일부분이다.

---

* 프랜시스 젠슨, 에이미 엘리스 넛, 『10대의 뇌』, 김성훈 옮김(파주: 웅진지식하우스, 2019), 35쪽.

초등학생 때는 부모가 이끄는 대로 아이가 따라오지만 사춘기 시기에는 불가능하다. 오랫동안 SMART 수면 루틴을 하며 아이의 정서와 습관을 잡아 주었던 나에게도 중 2 아들과의 갈등은 피해갈 수 없었다. 코로나19와 게임이 그 시초가 되었다.

초등학교 저학년 때는 거실에 데스크탑을 놓고, 검색하고 방문한 사이트를 공책에 기록하게 했다. 아이는 유튜브를 보면서 배우고 싶은 것을 따라 하고 중요한 것은 노트에 기록하고, 반복 연습을 하며 자기 것으로 만들었다. 주로 큐브, 카드 마술, 색종이 접기 등의 채널을 보고 익히면서 자연스럽게 집중력을 키웠다. 카드 마술은 해외 영상까지 챙겨 보면서 영어도 익혔고, 장기 자랑처럼 사람들 앞에 나서서 직접 보여 주기도 했다. 초등학교 고학년 때는 코딩과 3D 프린팅 프로그램을 찾거나 웹 사이트를 활용해 혼자서도 곧잘 배웠다. 물론 게임도 간간이 했지만 걱정할 수준은 아니었다. 무엇보다 잠자는 시간을 잘 지키던 아이였다.

그러나 2020년 중 2 사춘기와 함께 코로나19까지 겹치면서 엄마로서 심히 힘든 시간이 왔다. 불편한 마음이 완전히 없어지기까지는 한 달 정도가 걸렸는데, 그 사이 미라클 베드타임의 기적을 또 한 번 경험했다.

코로나19로 무려 봄부터 한 학년이 끝날 때까지 학교를 거의 가지 않던 아이는 그동안 규칙적인 생활을 해왔다고는 해도 갑자기 시간이 많아진 탓에 점점 게임하는 시간이 늘었다. 하지 말라고 하기엔 대안이 없고, 숙제 다 했으면 공부하란 소리도 무색했다. 무슨 공부를 하라고 해야 했을까? 시킨다고 했을까? 잔소리를 했다면 공부 정서만 나빠지고 엄마와의 관계만 나빠졌을 것이다. 아무리 좋은 말도 잔소리로 들릴 시기이다. 중학생 때 부모가 아이를 바꾸려 들면 관계만 나빠질 뿐, 아이는 쉽게 바뀌지 않는다. 지금까지 아들과 잘 지내 왔지만 새로운 시기가 왔음을 깨달았고 어떻게 이때를 잘 보낼 수 있을지 고민이 많았다.

여자로 태어난 엄마는 아들을 도저히 이해할 수 없다더니, 정말로 당황스러웠다. 말도 안하고 오랜 시간 컴퓨터만 보는데 아이를 존중하는 차원에서 뭘 보는지 일일이 확인하자고 덤벼들 수도 없었다. 내가 낳은 아이지만 어느 순간 나보다 몸이 커진 아이에게 함부로 말하기도 어려웠다.

아이의 취침 시간이 점점 늦어졌다. 급기야 밤 12시까지 게임을 하는 날도 며칠씩 이어졌다. 내 속은 타는데 남편은 느긋해 보였다. 내 성화에 못 이겨 남편이 아이와 대화를 나눈 뒤에야 11시에 와이파이가 꺼지도록 타이머를 설정하고, 11시에 자기만 하면 낮에 뭘 하든 상관하지 않기로 합의를 봤다. 언제나처럼 큰 규칙만 정하고 세세한 것들은 아이에게 맡겼다.

그러다 어느 날, 남편의 한마디가 내 머리를 울렸다. 〈나도 그러면서 컷는데.〉 학원 땡땡이는 물론 친구랑 PC방에서 게임에 빠져 놀아도 봤다는 것이다. 그 말을 듣고 보니 나도 그런 시기가 있었다. 처음 PC가 집에 생겼을 때, 네이트온으로 밤새도록 친구와 채팅하고, 테트리스 게임도 하고 싸이월드도 열심히 했다. 그때 아이러브스쿨에서 만난 중학교 동창이 지금의 남편이다. 우리도 그 시대 문화를 누리면서 남들이 하는 건 다 하고 실컷 해보고 나서야 그만두었다. 중요한 것은 그러고도 아무 문제 없이 현재 본인의 인생을 책임지면서 열심히 살고 있다는 사실이다.

아들은 아빠와의 대화 이후, 정확히 밤 11시가 되면 컴퓨터와 스마트폰을 식탁 위에 올려놓고 잔다. 내심 불만도 있었겠지만 어느 선까지는 부모의 결정에 순응한다. 사실 사춘기 절정에 이른 아이가 약속을 지키는 것만으로도 고맙다. 약속한 시간에 자고, 전날 해야 할 일을 다 못했을 땐 아침에 일찍 일어나 마저 하고 등교한다. 전날 밤 11시까지 1시간 정도 게임을 한 뒤 새벽 6시에 일어나 못다 한 숙제를 하는 날도 있다. 숙제도 덜했으면서 자기 전에 게임을 했느냐는 말이 목구멍까지 차올라도 이내 마음을 바꿔 아침에 일어나서 마무리하는 것도 다행이라고 생각한다. 그동안 차곡차곡 쌓아 왔던 아들과의 두둑한 정서 통장을 이제는 비워 가면서 아이를 마음에서 독립시켜야 할 때가 된 것이다.

아이의 취침 시간이 11시로 정해진 뒤, 상황은 거의 같았지만 마음은 한결 편안했다. 아이가 게임을 할 만하니까 한다고 생각했다. 게임하고 있으면 간식도 챙겨 준다. 아들 방에 들어갈 때는 노크하고 3초 정도 기다렸다가 문을 연다. 아이가 뭘 했는지 알아도 이젠 바꿀 수 있을 때가 아니니 매너라도 지키고 싶은 마음이다. 숙제는 했는지, 공부는 제대로 따라가고 있는지 궁금하지만 걱정하지 않는다. 시간의 개념과 메타 인지(자신이 무엇을 알고 모르는지에 대해 아는 것에서부터 모르는 부분을 보완하기 위한 계획과 그 계획의 실행 과정을 평가할 줄 아는 것)가 있는 아이이기 때문이다. 행여 선생님과의 약속을 지키지 못하고 몇 번 실수를 했다면 그다음엔 알아서 절제할 거라는 믿음, 할 만큼 하고 그만둘 거라는 믿음, 부모와의 약속도 있지만 선생님과의 약속도 지킬 거라는 믿음, 무엇보다 아이 스스로 자신을 실망

시키지 않을 거라는 믿음이 있다.

　사춘기는 아이가 부모 품을 벗어나 세상으로 나아가는 과정이다. 이 시기를 건강하게 보내야 하는데 부모가 아이에게 믿음이 없으면 서로 상처만 주게 된다. 내 아이를 온전히 믿는 마음이 있어야 하는데, 사실 쉽지 않다. 아이가 아직 어리다면 사춘기 자녀와의 갈등을 겪는 기분이 어떨지 상상이 안 될 것이다. 하지만 사춘기 자녀를 둔 부모라면 아이에게 화 한번 안내고 일상을 함께 보낸다는 것이 얼마나 어려운 일인지 잘 알 것이다.

　사춘기 아이에게 아침에 일어나라거나 게임이나 스마트폰 그만하라고 잔소리하지 않을 수 있다면 부모와 자녀 모두에게 축복이다. 가장 중요한 관계가 상하지 않으니 아이의 자존감을 훼손할 일이 없다는 뜻이다. 한 통계에 의하면 여성의 삶의 질이 가장 떨어지는 시기가 평생을 통 털어 자녀가 사춘기를 겪을 때라고 한다. 그만큼 가정에 큰 변화가 생기는 시기이다. 엄마로서 살아온 시간들이 한순간에 무너진다고 해도 과언이 아닌데 애간장이 녹는다는 말로 중년 여성이 느끼는 자괴감을 표현한다.*

　사춘기 아이에게 올바른 생활 습관과 시간 개념이 없는데 알아서 잘할 거라며 아이를 그냥 둔다면 감나무 밑에서 감이 떨어지기를 기다리는 것과 마찬가지다. 반대로 매일매일 잔소리를 하고 있다면 소귀에 경 읽기를 하는 것이다. 아이는 아이만의 속도로 꽃을 피우고 자기만의 향기를 품고

＊ 김은경, 「사춘기 자녀 양육 경험에 나타난 부모의 성인학습 과정 분석: 중산층 고학력 중년기 부모를 중심으로」(2018), 이화여자대학교 박사 논문, 26~27쪽.

살아간다. 하지만 대부분의 부모는 아이를 기다려 주지 못한다. 부모가 아이에게 내뱉는 비난의 말은 독이 되고 때론 트라우마로 남는다. 세상에 나가 자신감 넘치게 살아가길 바라면서, 집에서는 온갖 잔소리로 아이의 기를 죽이고 있는 것은 아닌지 돌아보자. 사춘기가 되기 전에 아이에게 올바른 생활 습관과 시간 개념을 알려 주고, 돈독한 신뢰 관계를 맺는다면 사춘기 때 마음에 들지 않는 행동을 해도 아이가 꽃 필 시기를 기대하며 기다릴 수 있다.

한결같음의 가치를 알려주자

직장 생활을 하면서 세 아이를 한결같이 9시에 재웠다고 하면 많은 부모가 어떻게 그게 가능했느냐고 묻는다. 아이와 함께하는 시간이 부족해서 일찍 재우는 건 아예 불가능하다고 결론내리는 부모도 있고, 밤 11시에 퇴근하는 아빠를 보고 자야 해서 12시에 잔다는 가정도 있다. 나의 〈미라클 베드타임〉의 비결은, 우선순위를 따져서 한결같이 그 순서를 지켰다는 것뿐이다. 출근은 해야 하고 아침에 아이를 돌봐 줄 사람은 없으니 아침 시간을 확보하는 문제가 절실했다.

내 아이들의 경우 잠들기 전까지 엄마를 보는 시간이 1시간 또는 30분인 날도 있었다. 운 좋으면 3~4시간 같이 시간을 보낸 뒤 잠드는 날도 있었지만, 내가 입시 심사를 하거나 공연이 있는 기간에는 만나지 못할 때도 많았다. 하지만 엄마 퇴근 시간과 무관하게 아이들의 잠자는 시간은 한결같았다. 아이들은 아쉬워했지만 그래도 부모 중에 먼저 퇴근한 사람이 수면 루틴을 위해서 분위기를 잡으면 아무 소리 않고 따랐다. 아이들의 수면 루틴은 부모의 스케줄과 무관했다. 금요일이건 주말이건, 여행을 가도 아이들은 루틴을 한결같이 지켰다.

습관은 한 번 시작되면 끝없이 강화된다

마시멜로 실험은 아이의 자제력과 성인이 되었을 때의 사회적 성공이 어떤 관계가 있는지 밝혀 낸 실험이다. 〈선생님이 없는 동안 이 마시멜로를 먹지 않으면 나중에 돌아와서 1개를 더 주겠다〉는 말만 남긴 채 15분간 자리를 비웠을 때, 15분을 거뜬히 참아 낸 아이들은 성인이 되었을 때 스트레스 관리를 더 잘했고, 만족도 높은 직업에 종사했으며, 건강 상태도 더 좋았다. 하지만 이 실험에서 피험자들의 지능 지수는 아무 관계가 없었다. 자제력이라는 비인지 능력 지표가 IQ보다 확실한 성공의 예측 지표임을 보여 주는 실험이다.[*]

그렇다면 아이의 자제력은 어떻게 키워 줄까? 하버드 아동 발달 연구소는 〈아이가 성장한다고 자제력, 주의력이 자동적으로 길러지지는 않는다〉고 말한다.[**] 나는 한결같이 취침 시간만 잘 지키면서 아이들에게 자제력, 만족 지연 능력, 인내심과 같은 비인지 능력을 길러 줄 수 있었다. 취침 습

---

[*] Mischel, W., Ebbesen, E. B., & Raskoff Zeiss, A., 'Cognitive And Attentional Mechanisms in Delay of Gratification', *Journal of Personality and Social Psychology*, 1972, p. 204~218.

[**] Centre on The Developing Child at Harvard University, 'Building the Brain's "Air Traffic Control" System: How Early Experiences Shape the Development of Executive Function, *Working Paper N.11*', 2011.

관 하나로 보채거나 짜증이 줄고, 조화롭고 안정적인 모습을 보였는데, 미라클 베드타임을 실천하며 많은 부모가 가장 먼저 느끼는 변화도 바로 이런 모습이다.

습관은 시작이 어렵지 한 번 몸에 배면 애써 노력할 필요가 없다. 좋은 습관이든 나쁜 습관이든 한번 만들어지면 바꾸기 어려우므로 처음부터 좋은 습관을 들이는 게 중요하다.* 큰아이가 초등학교 5학년 때의 일이다. 금요일 저녁 9시에 지인들을 초대했다. 아이들은 9시면 자고 그날 남편은 늦는다고 해 그 시간으로 잡았다. 9시 전후로 손님들이 하나둘씩 들어왔고, 잠옷을 입고 잘 준비를 모두 마친 아이들이 나와서 손님들에게 인사한 후 방에 들어가 자는 모습을 보자 손님들 모두 칭찬을 아끼지 않았다. 일찍 자는 건 알았지만, 금요일 저녁에 손님들이 와서 집 안이 시끌시끌한데도 방에서 나오지 않고 조용히 잠든 게 신기했는지 두고두고 칭찬을 했다. 아이들은 주변 사람들의 호의적인 반응과 칭찬을 받으면 그 행동을 더욱 강화하려는 경향이 있다. 우연히 인사를 잘한다는 칭찬을 받으면 앞으로 인사를 잘하는 아이가 될 가능성이 높다. 반대로, 인사를 잘 안 한다고 지나는 말로라도 지적을 받으면, 그다음부터는 인사를 하게 되기까지 꽤나 큰 용기를 내야 한다. 그러니 처음부터 좋은 습관을 길러 주고 부족함은 함부로 입밖에 내지 않는 게 좋다.

주중에 부모와 함께 긴 시간을 보내지 못한 아이들의 아쉬움은 주말 약

---

* 조던 B. 피터슨, 『12가지 인생의 법칙』, 강주헌 옮김(서울: 메이븐, 2018), 206쪽.

속으로 달랬다. 주말 스케줄을 부모 마음대로 정하는 것이 아니라, 아이들과 대화하며 정했다. 2주 뒤 에버랜드에 가기로 정했다면 매일 저녁 그 이벤트를 기대하는 마음으로 대화를 나눴다. 〈열 밤만 더 자고 나면 에버랜드에 간다〉는 기대를 품은 아이는 그곳에서 뭐가 하고 싶은지, 무엇을 먹고 싶은지, 무슨 놀이 기구부터 탈 것인지 매일매일 머릿속으로 상상하고 기대하며 잠자리에 들었다. 아이가 무언가를 기다린다는 것은, 하고 싶은 것을 꾹 참느라 억지로 의지를 누르는 것이 아니고, 무엇이든 상상할 수 있는 기대의 순간이 많아진다는 것이다.

꼭 특별한 장소에 가지 않아도 괜찮다. 아파트 놀이터에 가서 그네 타기, 킥보드 타고 산책하기, 낙엽을 스케치북에 붙이기 등과 같이 평범하고 단순한 놀이도 미리 생각하고 기대하게 하면 기다리는 힘이 생긴다. 「자, 우리 다음 주 주말에 킥보드 타려면 지금 일찍 잘 자야 해. 혹시 열이라도 나면 꼼짝없이 집에 있어야 하는걸.」 그럼 셋이 한꺼번에 떠들어서 와글와글 시끄럽던 방도, 킥킥거리는 소리가 한두 번 들리다가도 금세 조용해졌다. 이렇듯 단순한 말도 아이들에게 기대감을 주면 통한다.

인터넷과 컴퓨터의 발달로 우리의 삶이 점점 빠르게 변해 간다. 클릭만 하면 정보가 쏟아지는 세상에 익숙한 아이들에게 기다림이란 단어는 무색하다. 부모는 어떨까? 아이가 요청도 하기 전에 필요해 보인다 싶으면 알아서 척척 준비해 준다. 기다릴 줄 모르고 참을성도 없다며 아이만 탓 할 게 아니라, 기다리지 못하고 뭐든 미리 다 해주려는 부모도 문제라는 것을 인지해야 한다.

오랜 세월 아날로그를 경험하며 자란 부모 세대도 빠른 속도에 익숙하다. 우편으로 편지를 주고받던 시절이 엊그제 같은데 이젠 이메일도 느려서 카카오톡으로 업무를 처리한다. 그나마 빠름과 느림, 디지털과 아날로그를 모두 경험해 봤기에 그 가치에 맞게 삶의 다양한 영역에서 속도를 조절할 수 있어서 다행이다.

우리 아이들은 어떨까? 디지털 네이티브로 태어나서 빠른 속도만 익숙하다. 부모가 의식적으로 가르쳐 주어야 기다림을 배울 수 있는 세상이다. 미라클 베드타임은 아이가 충동적인 감정을 조절하고 만족을 지연하는 방법을 가르쳐 준다. 규칙적인 생활을 유지하면서 주말을 기다릴 수만 있어도 빠르게 흘러가는 우리의 삶에서 느림과 단순함, 그리고 기다림의 가치를 배운다.

○ 메타 인지력을 높이는 한결같은 수면 시간

리사 손의 『메타인지 학습법: 생각하는 부모가 생각하는 아이를 만든다』가 많은 엄마들 사이에서 회자된다. 리사 손 교수는 메타 인지를 〈자신이 무엇을 알고 무엇을 모르는지 파악하고 그것을 스스로 해결해 나가는 문제 해결 능력: 자신의 기억, 느낌, 지각하는 모든 것을 완벽하게 판단할 수 있는 능력〉이라고 정의한다.

시험을 보고 나서 성적이 좋은 학생과 성적이 낮은 학생을 두 그룹으로 나누고 시험 결과를 물어보면 성적이 좋은 학생들은 자신의 예상 성적을 정확하게 파악한다는 연구 결과가 있다. 성적이 높은 학생은 자신에 대한 파악이 정확한데, 이는 메타 인지력이 높다고 볼 수 있다.

시간 개념이 잡힌 아이는 스스로 판단하고 계획한다

메타 인지력은 어떻게 높일 수 있을까? 메타 인지와 미라클 베드타임은 어떤 상관관계가 있을까? 학년이 올라갈수록 학습량도 늘어난다. 공부할 양은 점점 많아지는데 잠자는 시간은 정해져 있다면 어떻게 될까? 큰아이가 초등학교 6학년이 되기 전까지는 공부할 양이 아무리 많아도 취침 시간을 철저히 지키게 했다.

공부할 양이 많아져도 한결같은 시간에 잠을 자야 하므로, 아이는 한정된 시간에 해야 할 일을 끝내는 연습을 하면서 자연스럽게 시간의 개념을 배웠다. 학교나 학원 숙제는 선생님과의 약속이기도 하다. 약속은 지켜야겠고, 시간은 한정되어 있으니 더 놀고 싶은 마음이 들어도 스스로를 절제했다. 공부할 양이 많으면 다른 것에 관심을 줄이고 해야 할 일에 집중했고, 상대적으로 여유가 있는 날은 유튜브도 보고, 게임도 하면서 시간을 보냈다.

그렇게 자율성을 함께 허락하니 스스로 우선순위를 판단하고 목표와 계획을 세웠다. 즉, 자신의 지금 상태, 우선적으로 해야 할 일, 일을 마무리하기까지 소요되는 시간을 파악하는 능력을 생활 속에서 자연스럽게 익혔다.

〈내가 지금 이 공부를 완전히 이해하려면 2~3주 정도 시간을 잡아야지.〉

〈오늘 배운 일차 방정식은 2시간 정도 복습해야 다음 수업을 충분히 따

라가겠다.〉

〈내일 영어 단어 시험이 있는데, 모르는 단어가 5개 정도 있네. 완전히 외우려면 20분 정도 걸리겠다.〉

〈일주일 뒤에 리코더 수행 평가가 있는데. 내 실력이 아직 부족하니까 매일 5번씩 불어 봐야겠다. 5번을 불어 보려면, 음, 오늘은 미숙하니까 30분은 필요하겠는걸.〉

큰아이는 자신의 현 상황을 파악하고 학습할 분량과 시간을 정했다. 그리고 계획표를 작성하고 실행에 옮겼다. 짧게라도 피드백하고 다음에는 어떻게 공부하면 더 효과적일지 자기 성찰까지 했다. 메타 인지를 기본으로 한 자기 주도 학습력이 시간의 개념을 통해 자연스럽게 길러진 것이다.

부모가 아이를 믿고 기다리지 못하는 이유는 아이가 스스로 공부를 하지 않기 때문이다. 하지만 아이에게 시간 개념이 생기면 상황이 달라진다. 학습 목표와 학습 분량, 예상 시간 등을 비교적 정확하게 파악하게 되므로 부모의 걱정과 갈등도 자연스럽게 준다. 학년이 올라갈수록 부모 자식간의 갈등의 원인이 대부분 학습에서 시작되는데, 걱정하지 않아도 될 정도로 아이가 알아서 하기 때문이다.

자녀 교육은 장거리 마라톤이다. 선행 학습에 의존하며 아이를 엄마의 생각대로 끌고 갈 것이 아니라 시간 개념을 심어 주고 자기 조절 능력, 메타 인지력을 실험해 가며 마음껏 실수할 기회를 주면 어떨까?

메타 인지력은 아이가 학생일 때는 학교 생활에서 빛나지만, 시간 개념과 문제 해결력, 일 처리 능력과 결부되어 사회생활을 할 때 더 큰 힘이 된다. 늘 부모가 시키는 대로만 하고 스스로 판단하고 선택할 기회가 없는 아이는 어른이 되어서도 주도적으로 행동하지 못한다. 반면 일상에서 소소한 일도 스스로 결정하고 그에 따른 책임을 지면서 생활했던 아이들은 심리적으로 독립된 어른으로 성장한다. 아이가 선택의 중심이 되며 성장할 수 있는 환경을 만들어 주자.

시간 개념이 있는 아이는 약속을 잘 지킨다

「잠자는 시간을 늦출 생각 하지 말고, 해야 할 일을 낮에 더 부지런히 시작하렴. 낭비하는 시간은 없는지 잘 생각해 보고.」

「아. 아빠, 초등학교 5학년이 9시에 자는 아이가 어딨어요.」

사춘기가 온 후에도 나는 한동안 아이의 잠자는 시간을 뒤로 늦춰 주기보다 여전히 9시 취침 시간을 유지시켰다.

밤에 잠자는 시간은 정해져 있고, 학교 선생님은 물론 학원 선생님과의 약속도 있으니 이를 다 지켜야 한다는 판단이 섰는지, 집에 엄마 아빠가 있든 없든 하교하자마자 할 일을 서둘러 하는 습관을 갖게 됐다. 물론 이 습관이 하루아침에 생긴 건 아니다. 유아기부터 가족 루틴에 따라 형성된 생활 습관이 학령기가 되자, 자연스럽게 학습 습관으로 이어진 것이다.

많은 부모가 시간을 제한하면 아이가 공부를 제대로 못 할까 봐 미리 걱정한다. 게다가 공부를 한다고 하면 자는 시간을 뒤로 미뤄 주면서까지 아이 의견을 들어 주는 경향이 있다. 초등학생 때, 아주 〈짧은 기간〉이라도 아이에게 시간을 제한하는 규칙을 만들면 시간을 대하는 아이의 근본적인 태도가 달라진다. 그것이 미라클 베드타임을 학습력으로 전환하는 핵심이다.

아이가 정말 시간이 없을까? 시간과 돈만 버리는 사교육이 아니라 진짜 제대로 된 사교육을 시키려면 스스로 공부하는 시간이 충분히 확보되어야 한다. 학교가 끝나고 학원까지 다녀온 뒤 학원과 학교 숙제까지 다 하느라 밤 11시, 12시가 되도록 아이가 못 잔다면, 그것은 부모의 선택이라고 할 수밖에 없다. 시간을 아껴 쓰고 집중해서 공부하면 얼마든지 마칠 수 있는 분량을 제시해야 한다. 낮에 미리 하지 않아서 잠자는 시간이 계속 늦어지고 있다면 일정 기간만이라도 아이를 약속한 시간에 일찍 재워 보자.

그 기간만큼은 약속한 시간까지 숙제를 다 마치지 못해도 할 수 없다. 숙제를 잘해 가든, 못해 가든 아이의 책임이다. 제대로 해가지 못할 때 아이가 느껴야 한다. 숙제도 선생님과의 약속인데, 그것을 지키지 못할 때의 부끄러운 마음과 죄송한 마음을 말이다. 이 문제가 해결될 때까지 엄마가 관심은 두지만 뿌리부터 건강해질 때까지는 단호하게 견뎌야 한다. 선생님과의 약속을 지키지 못하는 아이가 먼저 배워야 하는 것은 공부가 아니라 〈약속이란 꼭 지켜야 한다〉는, 기본을 알고 소중히 여기는 인성이다.

거꾸로 약속을 잘 지키는 아이는 부모가 일일이 간섭하지 않아도 본인이 해야 하는 일을 성실하게 한다. 잘하지 못하더라도 성실하게 한다면 그것으로 충분하다. 게임이나 유튜브를 대하는 태도도 마찬가지이다. 하지 말라고 매번 규제를 하기보다는 큰 맥락에서 아이가 스스로 선택하고 판단하고 책임지는 생활을 하게 해야 부모와의 마찰이 준다. 수면 시간이 정해지지 않은 가정의 아이를 보면 대부분 낮에 부모가 집에 없을 때 유튜브

보며 계획 없이 긴 시간을 보내는 경우가 많다. 부모가 퇴근해서 집에 오면 그제야 늦은 밤에 공부를 한다고 하나둘씩 과제를 꺼낸다. 그때부터 공부를 시작하면 최상의 컨디션에서 한다고 볼 수 없다. 이미 피곤하다. 초조한 마음에 감정은 쉽게 고조되고 서로 짜증이 오고 간다. 공부 정서가 도무지 좋아질 수 없는 상황이다.

우리 집은 잠자는 시간을 철저하게 지키는 연습을 하면서 숙제를 하지 못할 경우 본인에게 생기는 문제를 스스로 해결하는 방법을 찾게 했다. 거대한 나비 효과의 시작점이다. 해야 할 일을 마무리하고, 한결같은 시간에 잠을 잘 수 있다는 것은 단순해 보이지만 내공이 필요하다. 한정된 시간을 잘 사용하지 못하고 할 일을 다 하지 못해 생기는 문제를 반복하지 않으려면 무엇을 개선해야 할지를 스스로 터득해야 하기 때문이다. 취침 시간이라는 철저하게 지킨 하나의 약속을 통해서 아이는 새로운 규칙을 만날 때마다 어렵지 않게 규칙을 내재화하며 규범을 준수하는 법을 배운다. 약속을 철저하게 지키려면 자기 조절력이 필요하다. 당연히 충동성은 줄고 방해 요소를 통제하며 집중을 유지하는 방법도 자연스럽게 배운다. 이렇게 자기 조절 능력이 있는 아이는 주변 사람도 편안하게 하지만 어딜 가든 새로운 환경에 잘 적응하고 학습에도 집중력을 발휘한다.

공부를 덜했는데 아이를 재운다는 것은 부모로서 어려운 결정이겠지만, 오늘이 우리 아이가 가장 어린 날, 학습 결손이 가장 적게 일어나는 날이다. 아이의 인생을 대신 살아 줄 수 없다는 것을 기억하며 아이에게 시간 개념, 약속의 중요성, 책임감과 같은 인생의 보물 같은 비인지 능력을 선물하자.

〈내 아이는 약속을 철저하게 지킨다〉는 믿음이 부모에게 있다면 부모와 자녀 간의 관계는 고속도로를 달리듯 막힘없이 시원해진다.

혹시라도 아이에게 이미 학습 결손이 생겼고 걱정스러운 부분이 있다면 부모의 지혜가 필요하다. 아이가 잘하고 싶어도 배우는 양이 많거나 어려워서 잘하고 싶은 의지만큼 실천이 안 되는 경우가 대부분이다. 이런 경우, 선생님과 긴밀히 소통하며 어제보다 조금이라도 나아진 부분이나 노력하는 태도가 보이면 칭찬해 달라는 부탁을 미리 하는 게 좋다. 선생님은 많은 아이를 지도하고 있으므로 우선적으로 〈숙제를 했다, 안 했다〉에 기준을 둔다. 하지만 부모는 아이가 조금이라도 노력하고, 자기 주도적으로 시도하고 변화를 느끼며 노력하는 자체에 즐거움을 느끼는 데 의미를 두어야 한다. 이런 개선을 바라며 정중하게 부탁한다면 아무리 바쁜 선생님도 기꺼이 부모의 마음을 읽어 줄 것이다.

자신의 규칙과 속도를 지킬 줄 아는 아이로 키우자

아들은 초등학교 1학년 때 대학 부설 수학 영재반에 합격했는데 아빠의 반대로 다니지 못했다. 서약서에 사인을 하라는 이메일이 왔는데 날씨 좋은 봄, 가을, 토요일에 거의 출석을 해야 하는 스케줄이었다. 아이들이 오매불망 부모와 함께하는 주말만 기다리는데 세 아이 중 하나가 다른 곳에 가 있으면 부부가 나눠서 주말을 보내야 한다. 주중에도 부모와 함께하는 시간이 짧은데 주말마저 가족이 흩어져서 시간을 보내는 건 바람직하지 않다는 판단이 들었다. 아이에게 수학적 자극을 주고 싶은 마음도 있었지만,

겨우 초등학교 1학년이었다. 차라리 가족이 함께 산으로 들로 여행 가는 경험이 더 중요할 것 같았다. 지금 돌아보니 아이들 올망졸망 부모를 우주로 여기던 그 시기에 여행을 다니지 않았다면 지금 얼마나 후회스러울까라는 생각이 든다.

그 뒤로도 사교육보다는 거실에서 규칙적인 루틴으로 공부했다. 수학은 주로 아빠가 저녁 식사를 할 때 몰랐던 문제를 물어보며 교과서나 사고력 문제집 위주로 공부했다. 문제가 안 풀리면 가족끼리 누가 먼저 푸나 내기를 하면서 초등학교 수학 문제에 엄마, 아빠까지 동원되기도 했다. 안 풀리는 문제가 있으면 사나흘씩 같은 문제를 가지고 끙끙거렸다. 경시 대회 문제는 어른이 풀기에도 어렵다. 선행을 하며 진도를 빨리 끝낸다거나 타인과 경쟁하기보다는, 한 문제를 오랫동안 깊게 고민하며 수학적 사고력과 생각하는 힘을 기르는 연습을 즐겁게 했다. 어떤 경쟁도 비교도 없고, 정답을 찾아야 하는 의무도 없다. 〈나는 이 문장을 이렇게 이해하는데?〉 문제 자체를 이해하기 위해서 열띤 토의가 벌어지기도 했다. 아이는 공부를 따분하고 힘든 것이라고 생각하지 않고 그냥 〈오늘은 이 문제 풀어 볼까?〉라는 마음으로 놀이처럼 선택하고 집중했다.

아들이 중학교 1학년 때의 일이다.

「엄마 7만 원만 결제해 주세요.」

「무슨 일인데?」

「팀으로 하는 수학 경시 대회인데 친구가 같이 하자고 해서요.」

어느 날 중학교 1학년 아들이 온라인 서류 작성을 마치고 결제를 요청했다. 알고 보니 1년에 한 번 있는 〈월드 매스매틱스 팀 챔피온십World Mathematics Team Championship〉이라는 국제 수학 대회였다. 6명이 한 팀으로 지원을 하는데 아이가 포함된 팀은 2019년도 한국 팀 중에는 2위, 세계에서 9위를 했다. 얼핏 듣기로는 전 세계 21개 나라에서 740명 정도의 학생들이 참여한 꽤나 규모가 큰 대회였다.

「친구들이 잘해서 받은 거예요.」

아이가 대수롭지 않은 듯 한마디한다.

「그렇구나. 엄마는 상관없어. 그렇게 잘하는 친구들이 대치동 학원에서 알아서 팀 짜면 되는데, 너한테 같이 하자고 물어 봐 준 것만으로도 엄마는 좋다. 우리 아들 평소 수업 태도가 좋다는 뜻이잖아. 그거면 충분해.」

국제 대회에서 상까지 받고 오니 살짝 고민이 되었다. 「지금까지는 사교육 없이 집에서 했지만, 이제는 학원 다녀 볼래?」 아이에게 물어보니 선뜻 대답하지 않았다. 아이도 시간 계산을 해보는 것 같았다. 그 이후로도 대치동 학원에는 보내지 않았다. 학원을 보내지 않은 가장 큰 이유는 정해진 시간에 잠을 자고 자기 주도적으로 공부하던 규칙적인 생활 리듬을 깨는 게 싫었기 때문이다. 수업과 이동까지 고려하면 총 5시간을 특정 요일에 비워야 한다. 그날 하지 못했던 자기 주도 학습과 학원에서 배운 것을 추가로 공부해 내려면 아이에게 부담이 되고 잠자는 시간도 늦어질 거라고 판단한 것이다.

사교육은 부모의 불안에서 시작된다

창의 수학, 경시 대회 수학, 사고력 수학, 내신 관리 등등 너무도 다양한 목적을 내건 학원들이 엄마를 유혹한다. 학원에 가서 상담을 하고 테스트를 받으면 레벨이 낮은 아이는 불안해서 학원을 다녀야 할 것 같고, 레벨이 높은 아이는 더 잘하기 위해서 학원을 다녀야 할 것만 같다. 홈쇼핑 호스트가 마지막 세일이라고 외칠 때 꼭 사야 할 것 같은 조급한 마음과는 비교가 안 된다. 〈지금 바짝 시키면 내 아이가 더 잘하지 않을까?〉 이런 기대가 들지 않을 수가 없다.

영화관 효과라는 말이 있다. 영화관에서 앞사람이 일어서면 뒷사람도, 그다음 사람도 일어나야 한다. 결국 앉아서 편하게 볼 수 있는 영화를 어쩔 수 없이 서서 보게 된다. 우리의 교육이 지금 이러한 것 아닐까? 엄마의 마음은 〈제3의 법칙〉에도 고스란히 적용된다. 한 사람이 어떤 지점을 주시하고 있을 때 〈뭐가 있어서 저쪽을 보고 있지?〉 하면서 지나가던 길을 멈춰서서 살피면 또 다른 사람이 거기에 집중하고, 급기야는 그 관심이 군중으로까지 확대되더라는 〈군중 심리 법칙〉이다.

내 아이를 남다르게 키우고 싶으면서도 혹시나 하는 불안감 때문에 남이 하는 건 다 시키면서 공부도 잘해야 한다고 아이에게 강요하고 있다면, 기본적으로 성적이 좋아야 성인이 되었을 때 선택의 폭이 넓고 남보다 잘 살거라는 생각을 갖고 있기 때문이다.

좋은 생활 습관과 시간의 개념 그리고 메타 인지력이 아이에게 없었다면 엄마인 내 마음이 불안해서라도 학원이나 특정 결과에 휘둘렸을 것이다.

하지만 좋은 생활 습관이 있으면 사교육은 아이의 필요에 따라 선택할 수 있다. 습관도 좋지 않고, 공부하는 방법도 모르는 아이는 혼자 두었을 때 공부를 안 하니 부모가 학원을 더 열심히 보낸다. 그러나 학교 진도와 학원 진도가 다르기 때문에 안타깝게도 그 어떤 것도 제대로 배워 내지 못한 채 부담감만 느끼고 공부 정서까지 나빠지는 악순환이 지속된다. 이런 악순환을 막으려면 어디에서부터 무엇을 시작해야 할까?

미라클 베드타임은 아이 앞에서는 한없이 약해지고, 객관성이 무너지는 엄마의 마음을 지켜 준다. 세상이 기준이 되면 불안하지만, 내 아이가 기준이 되면 옆집 아이가 좋은 학원에 다니고 진도가 빨라도 불안하지 않다. 내 아이는 자기 주도적으로 자신의 속도에 맞춰서 할 일을 하고 있기 때문이다. 그만큼 좋은 생활 습관과 규칙적이며 단순한 루틴의 힘은 크다. 미라클 베드타임은 헤어 나올 수 없는 사교육의 덫, 거품 같은 경쟁, 과도한 정보로부터 아이를 보호한다. 내가 아이에게 지금도 바라는 것은 충분히 잘 자는 것, 학교 수업 시간에 집중해서 선생님 말씀을 잘 듣는 올바른 태도이다. 정말 필요한 사교육이라면 아이를 기준으로 시작하길 바란다. 아이들이 부모가 기대하는 스펙을 채우느라, 10대 때부터 공부만이 유일한 길이라고 생각하며 살기보다는 공부에 대한 건강한 정서, 올바른 태도를 거름 삼아 자신의 능력을 무한대로 확장해 나가는 사람으로 자랐으면 좋겠다.

○ 사교육이 필요 없는 자기 주도 학습력

큰아이는 초등학교 1학년 때부터 본격적으로 학원에서 영어를 배우기 시작했는데 3학년 때 랭콘 전국 말하기 대회에서 대상을 받았다. 전국에서 모인 대회였고, 영어 유치원에서부터 영어를 접한 아이들, 해외에서 살다 온 아이들도 있었을 텐데 경기도 신도시 학원 출신의 아이가 받았다. 몬테소리 유치원에서 7세까지 교구로 영어 알파벳을 더듬더듬 배웠고, 집에서 엄마표 영어를 해주긴 했지만 불규칙적이었다.

미라클 베드타임으로 다져진 생활 습관으로 좋은 공부 정서, 영어에 대한 긍정적인 반응, 엄마와의 좋은 관계, 부담스럽지 않은 학습량, 몰입할 수 있는 가정 환경, 자신의 시간을 계획할 수 있는 시간 개념 등의 비인지 능력이 합쳐져서 아이는 짧은 기간에 무엇을 배우든, 효율성 높은 결과를 얻을 수 있었다. 하나를 배워서 열을 알게 해야 한다는 말처럼, 영어 학원에 다닌 순간부터 영어를 배운 게 아니라 영어를 잘 배워 낼 수 있는 비인지 능력, 즉 공부 근력을 미리 만들어 왔기에 가능한 일이었다.

진짜 공부 잘하는 비밀은 사교육이 아니다

『초등 6년이 자녀 교육의 전부다』의 저자 전위성은 학생들의 자기 주도 학습 시간을 기준으로 평일 권장 자습 시간을 산출했다. 초등학교 1학년은 30분, 학년이 올라갈수록 30분씩 증가해서 고3은 360분이다. 학년별 권장 자습 시간을 따르면 전교 1등이 아니라, 전국 최상위 1퍼센트도 될 수 있다고 한다. 하지만 현실적으로 대부분의 학생들이 초중고등 학생을 막론하고 하루 자습 시간이 채 1시간이 안 된다. 이는 심각한 학습 부진으로 이어진다.[*]

평일 권장 자습 시간

학년		초1	초2	초3	초4	초5	초6	중1	중2	중3	고1	고2	고3
자습 시간	학기 중 평일	30분	60분	90분	120분	150분	180분	210분	240분	270분	300분	330분	360분

자기 주도적으로 공부하는 아이는 모든 부모의 로망이다. 미라클 베드타임의 단순한 생활은 힘들게 노력하지 않고도 아이들에게 자기 주도적으로 공부하려는 내적 동기를 만들어 주는데, 그 비결은 적게 가르치기와 반복 학습이다.

더 적게, 더 깊게 배움을 다지는 시간을 만들어 줘야 한다

아이가 유치원에 다닐 때였다. 몇 가지 물건을 거실에 차려 놓더니 좋아

---

[*] 전위성, 『초등 6년이 자녀 교육의 전부다』(인천: 오리진하우스, 2015), 177~181쪽. 여기서 말하는 자습 시간은 학기 중 평일 자습 시간으로, 학교 수업, 숙제 및 사교육 수업, 숙제에 소비된 시간을 제외하고 순수하게 혼자서 공부한 시간을 의미한다.

하는 인형들을 주르륵 앉혀 놓고 학교 놀이를 한다. 인형 친구들에게 사과 apple, 책book, 연필pencil 등 물건을 직접 보여 주며 단어를 가르치고 칠판에 써주기도 한다. 호들갑스럽게 엄마를 부르더니 같은 설명을 또 반복한다. 오늘 배운 것을 애써 다 기억해 낸 자신을 뿌듯해하는 눈치가 역력하다. 아이는 낮에 배운 것을 매일 저녁 집에서 다시 설명하는 시간을 갖곤 했는데 그럴 때마다 〈내일도 열심히 잘 듣고 와서 엄마한테 설명해 달라〉고 하면 아이는 그 말에 책임감을 느꼈는지 선생님 말씀을 더 잘 듣고 와서 나에게 알려 주곤 했다. 많은 시간을 들인 것도 아니고 매일 밤 이른 저녁을 먹고 수면 루틴을 하기 전에 낮에 배웠던 것을 나누며 선생님 놀이를 하고, 독서를 하며 자유로운 시간을 보냈다.

아이가 배운 것을 가족에게 설명하는 시간을 가질 때 중요한 것은, 지나친 사교육으로 아이의 배움을 버겁게 하지 않아야 한다는 것이다. 유치원이나 학교에서 이미 배워 온 것들은 당연하게 생각하고 다양한 사교육으로 아이의 오후 시간을 가득 채우면 새롭게 습득한 양이 너무 많아서 아이가 어디에서부터 정리를 해야 할지 엄두를 내지 못한다. 설상가상으로 저녁 먹고 나서 아이도 좀 쉬려고 하면 그 시간에 또 학습지를 풀라고 요구하는 엄마도 많다. 공부가 버거워질 수밖에 없다.

무조건 학교 공부부터 하자

나의 경우, 매일 새롭게 습득한 양이 아이의 기준에서 많지는 않은지 신경 써주고, 무엇을 배우든 자기 주도적으로 반복 학습할 시간을 충분히 만들어 주며 아이의 규칙적인 일과에만 집중했다. 학교를 제외한 모든 교육을 사교육으로 보고 어떤 것도 학교 교육을 앞서게 하지 않았다. 오히려 학습지나 학원을 많이 다니지 않았기 때문에 아이가 학교에서 간단하게 보는 단원 평가에서 좋은 성적을 받았다. 이런저런 학원을 많이 다니는 아이는 학원을 다녀와서도 학교 일정까지 챙기야 하니 버거울 수밖에 없다. 하지만 하교 후에 다음 날 단원 평가만 준비하면 되는 아이는 학교 선생님의 수업 내용을 중심으로 꼼꼼하게 복습하고 다음 날 스케줄을 직접 챙길 여력이 있다. 아주 작은 습관의 힘이 저절로 발휘되어서 아이 공부 습관을 어렵지 않게 만들어 줄 수 있다. 초등학교 1학년부터 쪽지 시험, 단원 평가, 받아쓰기에서 좋은 성적을 받기 시작하면 아이는 그 기분을 지속적으로 느끼고 싶어 한다. 선생님의 칭찬, 친구들의 반응, 상장과 같은 결과물은 아이에게 공부를 열심히 하고 싶은 외적 동기가 된다. 학교라는 현장에서 공부란 걸 잘할 때 받는 인정과 존중감은 아이 스스로가 공부를 더 잘하고 싶은 내적 동기가 된다. 자기 주도 학습의 3요소는 자기 관리(습관), 자신에 대한 이해와 관찰(셀프 모니터링), 그리고 (내적, 외적) 동기이다.* 동기는 아이에게 자발적인 학습 목표가 되고, 학습 목표를 가진 아이는 목표가 없는 학생보다 높은 성취를 이룬다는 연구 결과가 있다. 학습 목표를 가지라고, 공부 좀 하라고 부모가 잔소리해서 될 일이 아니다.

---

* Zhu, M., Bonk, C.J. & Doo, M.Y. Self-directed learning in MOOCs: exploring the relationships among motivation, self-monitoring, and self-management, *Education Tech Research Dev. 68.* 2073–2093, 2020.

자기 주도 학습의 3요소

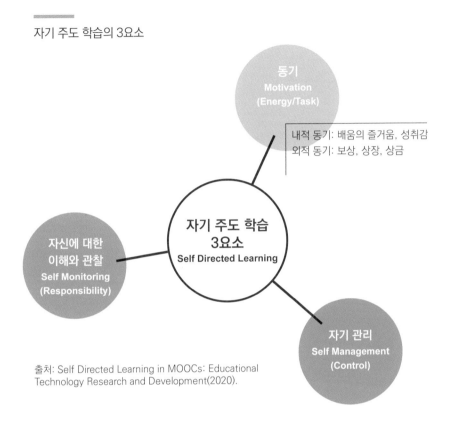

출처: Self Directed Learning in MOOCs: Educational
Technology Research and Development(2020).

　　꼭 해야 하는 학교 공부에만 집중하게 하여 초등학교 저학년부터 학습 목
표에 도달해 보는 재미를 우선적으로 느껴 볼 수 있게 해야 한다. 이 맛을
느끼고 나면 학년이 올라갈수록 공부가 버거워도 꾸준히 성실하게 노력하
는 근성을 발휘하게 된다. 내 아이들은 초등학교 저학년까지 선행 학습과
사교육을 덜 시켰기 때문에 오히려 더 편안한 공부 정서를 갖게 되었다고

생각한다. 최승필 작가의 『공부머리 독서법』에도 소개되어 꾸준히 회자되고 있는 핀란드의 교육 철학, 〈가르치지 않을수록 더 많이 배운다Teach less, Learn More〉를 실천한 셈이다.

그러나 무조건 시키지 않는 것만이 정답은 아니다. 아이가 즐겁게 거뜬히 소화해 낼 수 있는 정도의 학습량을 반복할 수 있게 해주는 게 중요하다. 학습은 배우고 익히는 과정이다. 과도한 사교육으로 일방적으로 배우기만 하고 스스로 익히는 과정이 없다면 학습의 효과가 없다. 앞으로 온라인 학습은 더욱 강조될 것이고, 의지만 있다면 저렴한 비용으로도 배울 수 있는 기회가 넘친다. 지금 시대는 배울 기회가 없는 것이 아니라, 배울 의지가 없는 것을 걱정해야 한다. 어릴 때 길러진 자기 주도 학습력은 평생 새로운 기술을 배워야지만 살아남을 수 있는 21세기에 꼭 갖춰야 하는 필수 인재 역량으로 아이를 평생 배움을 즐기는 학습자로 이끈다.[*]

공부도 근력이 필요하다. 공부 근력은 어떻게 키워 줄까? 스쿼트가 아무리 좋은 운동이라도 30대의 평범한 성인 여성이 처음부터 50킬로그램 덤벨을 들고 운동을 시작할 수는 없다. 아주 작은 중량으로 시작하며 중량을 늘려 가야 하는데, 공부도 마찬가지이다. 학습지 한 장 풀게 하려면 열두 번 불러야 겨우 책상에 앉는다고 하소연하는 엄마들이 있다. 스마트폰 게임하자고 불렀으면 당장 달려왔을 텐데 말이다. 엄마 기준에는 고작 학습지 한

[*] Jean-François Colas, 'Lifelong learning for all: Connecting school with the rest of life(3) : Tutor MOOC', 2017, tutormooc.com

장이지만 아이에게는 여전히 중량 과부화이다. 더 작게, 더 쉽게, 더 만만하게 시작하고 그 과정을 엄청나게 반복할 때, 진짜 공부 근력이 길러진다.

우리 아이의 공부 근력이 높아지고 있다는 것은 어떻게 알까? 시키지도 않는데 자꾸 엄마 옆에 가지고 와서 어제도 했던 것을 오늘도 하고 싶어 한다면 아주 성공적이다. 몰랐던 것을 알아 가면서 따로 떨어져 있던 퍼즐이 하나씩 맞춰지는 듯한 느낌으로 새로운 정보를 찾아가고 있다면 아이가 공부의 즐거움을 알아 가고 있다는 뜻이다. 이런 과정이 아이를 자기 주도적으로 공부하게 하는 내적 동기가 되는데, 이 재미를 먼저 느껴야 훗날 재미있을 수만은 없는 학습 과정을 거뜬히 이겨 내는 근성이 만들어진다. 유아기와 초등학교 저학년 시기에는 더 가르치려고 하지만 않아도 공부를 싫어하지 않는다.

○   배움의 즐거움을 느끼는 반복 학습 시간

사이토 다카시는 그의 저서 『반복 학습이 기적을 만든다』에서 똑같은 자극을 반복해서 입력하면 뇌 속의 회로가 탄탄해지고, 입력된 정보를 반복해서 사용하면 정확하고 견고한 네트워크가 완성된다고 한다. 또한 반복 훈련은 사고력과 함께 오래도록 생각할 수 있게 해주는 체력도 길러 준다며 아주 작게 시작하고 끊임없이 반복하라고 일러준다.

우리 집의 경우 다음 페이지의 표처럼, 매일 저녁 식사 전후를 자유로

우리 집 저녁 루틴

오후	방과 후 수업, 학원 또는 휴식
4:30	자기 주도적 놀이 & 학습, 예습 복습 시간
5:00	
5:30	아이들 저녁 식사
6:00	자기 주도적 놀이 & 학습, 예습 복습 시간
6:30	
7:00	
7:20	아빠 저녁 식사
7:40	이 닦기, 샤워, 타임머신, 반신욕(주말)
8:00	SMART 수면 루틴
9:00	취침
9:30	엄마가 꿈꾸는 시간

운 놀이와 학습 시간으로 정했는데 이것이 자연스럽게 아이들의 공부 시간이 되었다. 초등학교 1학년부터 영어 학원만 다녔고, 주요 과목 사교육을 시킨다거나 학습지는 하지 않았다. 매일 저녁 아이들은 예습 복습 위주로 공부하고, 학교 숙제와 복습하는 시간을 충분히 확보한 단순한 시간표로 움직였다.

124쪽의 〈평일 권장 자습 시간〉에 의하면 초등학교 1학년은 30분만 스스로 공부하면 된다. 그런데 우리 집 저녁 루틴을 보면 놀이 시간이 곧 공부 시간이었는데 유아기부터 자기 주도적으로 놀거나 공부한 시간이 2시간을 훌쩍 넘는다. 2시간이면 초등학교 4학년 평일 권장 자습 시간을 웃돈다. 인지적인 배움을 선행하지는 않았지만, 공부 근력을 키우는 연습(비인지 능력)은 유아기부터 선행을 해온 셈이다.

놀이를 공부 시간으로 자연스럽게 전환하는 비결은 자율성이다. 아이가 노는 건 즐거워하고, 공부는 지겨워하는데 이는 공부가 시작되는 순간 자율성을 빼앗기기 때문이다. 나는 매일 저녁 공부할 분위기만 만들어 주었을 뿐 특별히 간섭하지 않았다. 그럼 아이는 무슨 공부를 할지, 어느 부분을 얼마나 공부할지, 시행착오를 거치며 자신의 메타 인지를 높여 나갔다. 유아기와 초등 저학년 시기, 큰 틀만 만들어 주고, 그 안에서 매일매일 하고 싶은 것을 하게 해준 것이다. 그리고 더 중요한 것은 독서 시간 확보였다. 아이에게 30분의 자투리 시간을 주면서 30분간 독서를 하라고 하면 아이는 결코 독서를 즐길 수가 없다. 시간이 여유로워야 〈너무도 심심한데 책이라도 볼까?〉 하는 마음에 자연스럽게 책을 손에 잡고 독서를 즐긴다. 그것이 책에 빠져드는 계기가 된다.

아이가 먼저 학교 놀이처럼 생각하고 숙제를 내달라고 요구하면, 아이와 상의해서 엄마가 퇴근하기 전까지 문제집을 몇 장 풀어 놓으라고 시킬 수도 있다. 내 아이들의 경우 때때로 연산 문제집 한두 장 정도를 약속으로 정하고 했는데, 무엇을 정하든 기준은 아이였다. 어려워하면 분량을 줄여 주고, 즐겁게 하지 못하는 이유가 있어 보이면 단 한 문제라도 함께 풀어 보며 융통성 있게 학습 분량을 조절해 주었다. 엄마가 없는 시간에도 스스로 그 날의 공부를 할 수 있도록 학습 목표를 조절하고 동기를 부여하는 것은 엄마의 몫이다. 아이가 해야 하는 학습량에만 관심을 두고 〈숙제해라!〉, 〈공부했니?〉 잔소리만 할 것이 아니라, 할 수 있도록 환경을 만들어 주고, 스스로 해나갈 수 있도록 관심을 주어야 한다. 배움은 살짝 발돋움해서 성취할 수 있을 것 같은 높이에 있을 때 아이가 기꺼이 도전할 용기를 가진다.

아이의 자율성을 존중해 주며 매일 규칙적인 시간을 보내다 보면 어느새 꽤 오랜 시간을 집중력 있게 앉아서 공부할 수 있는 공부 근력이 자라 있을 것이다. 놀이와 공부가 자연스럽게 이어졌으니 공부 정서도 건강한 아이로 자란다. 그냥 두면 언제 공부할지 모른다고 하소연하고 싶은 부모라면 학습량이 아이 입장에서 많거나, 강압적인 분위기가 있었던 것은 아닐지 돌아보고 분위기를 바꿔 보자. 그러지 않으면 아이의 학년이 올라갈수록 공부 정서는 점점 악화되고, 매번 아이를 가르치기 위해서 진땀을 빼게 된다.

선행 학습을 하지 않을 용기를 내자

내가 아이들에게 선행 학습을 시키지 않을 용기를 가졌던 것은 오랜 시간 사교육과 공교육 현장에서 일하며 많은 학생들을 보아 왔기 때문이기도 하지만, 바로 다음 페이지에 나오는 그래프 덕분이다. 기억력에 대해서 연구한 심리학자 헤르만 에빙 하우스의 〈망각 곡선〉에 의하면 학습 직후 20분 내에 이미 42퍼센트가 사라진다. 하루가 지나면 66퍼센트 이상이 사라지고, 한 달이 지나면 불과 20퍼센트 정도만 기억에 남는다. 그러니 기억하지

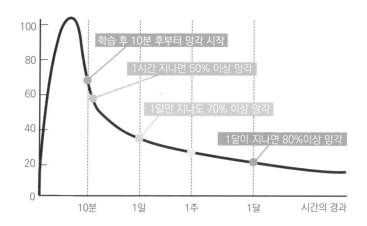

에빙 하우스의 망각 곡선

기억량 %

- 학습 후 10분 후부터 망각 시작
- 1시간 지나면 50% 이상 망각
- 1일만 지나도 70% 이상 망각
- 1달이 지나면 80%이상 망각

100
80
60
40
20
0

10분　　1일　　1주　　1달　　시간의 경과

출처: EBS「학교란 무엇인가」

도 못할 개념을 아이에게 어렵게 선행시키고 과도한 추가 학습으로 아이를 피곤하게 할 것이 아니라 복습과 반복 학습에 신경을 써야 한다.[*]

EBS「학교란 무엇인가」에서 인간에게 있어 필연적인 망각을 보완할 수 있는 유일한 방법이 있는데 그것이 반복이라고 강조한다. 미라클 베드타임의 단순한 생활이 오히려 더 높은 학습 결과를 얻을 수 있는 기회를 주는 것이다.

---

[*] 박민수, 박민근, 『공부호르몬』(파주: 21세기북스, 2018).

에빙 하우스의 망각 곡선

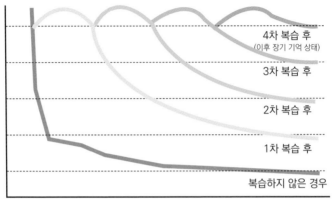

회상된 양(%)

4차 복습 후
(이후 장기 기억 상태)

3차 복습 후

2차 복습 후

1차 복습 후

복습하지 않은 경우

학습 후 시간의 경과

출처: EBS「학교란 무엇인가」

　내가 〈미라클 베드타임〉을 하면서 아이들 학습에서 가장 중요하게 여긴 것은 다음과 같다. 첫째, 밤에 잘 자고 좋은 컨디션으로 유치원이나 학교에 간다. 둘째, 수업 시간에 집중해서 잘 배우고 온다. 셋째, 유치원이나 학교에서 새 단원이 시작됐으면 그 단원이 끝날 때까지 집에서 무수히 많은 반복 학습을 하며 내 것으로 소화시키는 충분한 시간을 가진다. 넷째, 매일 저녁 거실에서 열리는 선생님 놀이를 통해 말로 설명하며 무엇을 알고, 무엇을 모르는지 스스로 메타 인지를 발휘하며 확실한 복습의 시간을 가진다.

　쉽게 말해서 예습과 복습 잘하고, 수업 시간에 집중만 잘해도 공부를 잘

할 수 있다는 단순한 진리를 따른 것이다.

그런데 요즘 보통의 아이들은 어떤 학습 루틴을 가지고 있나? 수업을 마치고 방과 후 수업을 듣거나 하교를 한다. 집에 와서 조금 쉬다가 요일마다 다른 학원을 가고 집에 와서 저녁을 먹고 학교 숙제와 학원 숙제, 그리고 심지어는 엄마가 내준 숙제까지 하다가 잔다. 자율성보다는 의무감에 하는 일이 더 많아 보인다. 하루 종일 무언가를 많이 배웠지만, 혼자서 반복하거나 복습하며 생각하는 시간은 턱없이 부족하다. 아이는 배운 것을 스스로 정리해 볼 여력이 없이 새날을 맞이한다. 그리고 어마어마한 양의 새로운 정보를 또 흡수해야 한다.

평생 학습자로 키우기까지 걸리는 시간은 10년이다

『시크하다』의 저자 조승연은 세바시에서 〈4차 산업 혁명의 시대에 필요한 인재가 되려면〉이란 주제를 이야기하면서 융합이란 단어를 설명했다. 융합이라는 단어를 풀어 보면 〈融(녹을 융) + 合(합할 합)〉이라는 뜻이다. 융합적 사고를 위해서는 지식을 충분히 녹일 시간이 필요하다. 무조건 〈빨리, 많이〉만을 지향할 것이 아니라 지식에 대한 경험이 합쳐진 깨달음을 이어 나갈 충분한 시간과 경험이 필요하다. 실질 경험 없이 책상 앞에서만 지식을 배우면 온전한 지식이 될 수 없다.

언제까지 선행 학습보다 반복 학습을 시켜야 할까? 정말 그래도 될까? 하버드의 교수와 언론인들이 15년간 하버드 대학생을 비롯해 큰 성공을 거둔 수백 명의 성장 과정을 직접 인터뷰하고 분석한 프로젝트를 정리한 책 『하버드 부모들은 어떻게 키웠을까』에 의하면 뛰어난 학업 성취를 이룬 사람들은 대부분 초등학교 3학년 전후로 부모가 공부하라고 말하지 않아도 스스로 자율 학습을 시작했다고 한다. 즉 10세를 전후로, 부모는 건강한 환경과 자극을 주면 그 이후는 아이 스스로 나아갈 방향을 보여 준다는 것이다.

한국의 상황에 맞춰 봐도 초등학교 3학년 정도가 되면 아이의 성향이나 관심사가 어느 정도 보이기 시작한다. 그리고 중고등학교 진로 준비도 3학년 이후 4학년 즈음부터 시작해도 전혀 늦지 않다. 배움의 즐거움을 알게 하고. 건강한 공부 정서를 갖게 하고, 좋은 습관과 시간의 개념을 알려 주고, 꾸준히 집중할 수 있는 공부 근력, 그릿과 같은 비인지 능력을 아이 인생의 첫 10년간 키워 준다면 무엇을 더 빨리 시작하고 늦게 시작하는 것은 전혀 문제될 것이 없다. 아니 오히려 그렇게만 할 수 있다면 아이는 열 살 이후 자기가 타고난 강점을 마음껏 뽐내며 자기답게 살아갈 수 있다.

아이들은 말문이 트이면 하루에도 수십 번 〈왜〉라는 질문을 부모에게 던진다.『내 아이를 위한 완벽한 교육법』의 저자 앤드루 풀러의 말을 인용한다.「아이들은 이미 어른이 못 견딜 정도로 무엇이든 배우고 싶어 한다. 대부분의 아이는 천재로 태어나지만 부모에 의해 평범해진다.」

〈왜?〉로 시작하던 수많은 질문은 아이가 초등학교에 들어가면 점점 사라진다. 그러다가 중고등학생이 되면 수업 시간에 선생님이 앞에 계신데도 엎드려 잠을 자기도 한다. 우리 아이들이 남이 시키는 공부, 하나의 정답을 찾는 공부만 하다가 질문을 잃고 무기력해지는 것은 아닌지, 아이를 위해서 한다고 했지만, 부모가 애쓰고 있는 일들이 과연 자녀를 위한 것인지 돌아보아야 할 것이다.

미라클 베드타임은 아이들의 학습도 단순하게 접근하게 한다. 많이 가르치지 않는 대신 하나를 배워도 깊게 배운다. 완전히 이해하면 아이는 질문이 생기고, 자연스럽게 아이의 관심사가 다른 곳으로 넓어진다. 부모는 그 시간만 기다리면 된다. 아이의 다음 관심사가 무엇인지 관심 있게 들어주기만 하면 된다. 아이의 로드맵을 짜주기 위해서 밤새도록 맘 카페를 들락거리며 정보를 얻고자 밤을 설칠 이유가 없다는 것이다. 아이가 먼저 해달라고 하면 그때 엄마가 해주면 되기 때문이다.

현 초등학생의 65퍼센트가 아직 존재하지 않는 직업을 갖게 될 것이라고 전망한다.[*] 앞으로의 미래 인재는 급변하는 세상에 빠르게 적응할 수 있고, 끊임없이 개발되는 새로운 기술과 혁신을 열린 마음으로 받아들일 줄 알아야 한다. 이제 비교와 경쟁은 타인과 하는 게 아닌, 어제의 나 자신과 할 줄 알아야만 진정 경쟁력 있는 아이로 살아갈 수 있다.

나는 아이들이 유아기와 초등학생 시기를 지날 때 디지털 미디어만 적당히 차단하며 편안한 공간과 시간을 만들어 주었다. 책상에 반듯하게 앉아서 반복 학습을 한 날도 있지만 어떤 날은 심심해 죽겠다는 표정으로 방바닥을 빙글빙글 돌다가 나와 눈이 마주치는 날도 있었다. 하지만 아이는 심심한 순간을 견디어 내는 방법을 배우며 자신의 시간을 조금 더 흥미로운 놀이의 순간, 배움의 순간으로 바꿔 가는 방법도 알아갔다. 좋은 아이디어

---

* 제롬 글렌, 박영숙, 『세계미래보고서 2021』(서울: 비즈니스북스, 2020).

라도 떠오른 듯 아이는 다시 몸을 움직이며 뭔가를 하기 시작했고 그러다 보면 시키지 않아도 학교에서 배운 것을 곱씹어 보는 예습 복습 일과를 추가하기도 했다. 오히려 아이의 성적과 관련해서는 덜 가르치고, 덜 욕심내었지만, 더 깊고 넓게 아이만의 세계를 구축해 가는 시작점이 되었다. 아이의 건강한 공부 정서는 앞으로 살아가면서 직업을 바꿔야 하는 순간에 기꺼이 새 지식을 공부하고 도전하게 할 것이다.

Miracle
Bedtime

4부

취침 습관은 가족의 일상을 어떻게 변화시키는가

- ☐ 엄마의 시간 갖기
- ☐ 우리 집 루틴 만들기

☑ 엄마의 시간 갖기

아이가 잠들면
엄마의 독서 등이 켜진다

6장

○   변화의 기회를 만드는 〈생각할 시간〉

아이와 함께하는 시간이 길어야 아이 마음이 충족된다고 생각하는 부모가 의외로 많다. 하지만 짧은 시간이라도 아이와 양질의 시간을 보내고 일찍 재우면 엄마의 표정은 물론 말도 달라진다. 엄마의 말이 달라지면 또 어떤 변화가 따라올까? 아이가 활짝 웃고, 가정이 바뀐다. 아이를 일찍 재우기만 했는데 생기는 작은 변화의 시작일 뿐이다. 다음은 미라클 베드타임을 시작하고 불과 2주만에 생긴 변화이다.

잠든 아이를 보며 오랜만에 저만의 여유로운 시간을 가졌어요. 2주 전만 해도 밤 11시까지 환하게 불이 켜져 있고 TV 소리가 나던 집인데요. 요즘 9시면 아이들이 잠드니 얼마나 평화롭고 좋은지 모르겠습니다. 정말 오랜만에 저만의 노트를 꺼내서 손 글씨도 썼어요. 그토록 결혼하고 싶었고, 엄마가 되고 싶었고, 어떻게 보면 꿈을 이뤘는데도 왜 이렇게 행복하지 않을까, 늘 그런 생각만 했는데요. 막상 조용한 집에서 잠든 아이를 바라보니 너무도 감사한 거예요. 하염없이 눈물이 나면서 건강하게 자라주는 아이가 존재만으로도 고마웠어요.

눈에 넣어도 아프지 않을 아이를 키우면서 엄마가 행복하지 못한 이유 중 하나는 자유롭지 못하기 때문이다. 잠자고 싶을 때 못 자고, 하고 싶은 일이 있어도 마음껏 하지 못하므로 무기력해질 수밖에 없다. 이미 가진 것들에 감사함을 느끼지 못하고 시간을 보낸다. 누구의 탓도 아니다.

엄마만의 시간을 만들어 보자. 아이가 잠든 이후 밤 시간도 좋고, 조금 일찍 일어나서 새벽에 고요한 시간을 갖는 것도 좋다. 짧게라도 나만의 시간을 갖다 보면 마음이 편안해진다. 환경에 변화를 주고 엄마만의 시간인 미타임Me-Time을 의식적으로 만들어 보자.

퇴근이 늦어서 아이를 일찍 재우고 엄마만의 시간을 갖는다는 것 자체가 어려운 가정도 있다. 엄마가 오기만을 기다린 아이에게 보자마자 자자고 할 수는 없을 테니 말이다. 무엇이든 우리 가족의 상황에서, 나의 현실에서 어제보다 1퍼센트 나아진 방법을 찾아서 꾸준히 실천하는 것이 좋다. 현실적으로 큰 벽이 느껴질수록, 앞서 소개한 SMART 수면 루틴을 적극 활용하며 아이와 짧지만 진한 소통을 시도해 보자.

아이에게 너무 잘하려고 애쓰지 말자. 애쓴다고 마음처럼 쉽게 되지도 않을뿐더러, 애쓰는데 아이가 바로 따라와 주지 않으면 화가 나고 오히려 부작용이 생긴다. 차라리, 아이를 일찍 재우고 의식적으로 엄마만의 시간에 욕심을 내자. 아이는 일찍 자서 더 좋은 컨디션으로 하루를 시작하고 엄마는 재충전할 수 있어서 마음에 여유가 생긴다. 엄마들을 어디로 이끌지 모르는 마법과 같은 시간을 만들어 보자.

○ 마음 그릇 준비하기

엄마만의 시간을 가진 후의 고백이다.

저는 마음 그릇이 준비되지 않은 엄마였어요. 아이는 엄마의 사랑과 정성을 먹으며 자란다는 걸 알면서도 마음에 여유가 없었어요. 아이는 아빠랑 자전거를 타러 가도 엄마가 보이지 않을 때까지 손을 흔들어 주고, 엄마를 챙겨 주는 아이인데요. 밥 먹다가 고작 물을 쏟은 아이에게 너는 조심성도 없냐고 소리를 질렀어요. 토요일엔 하루 종일 아이를 태블릿 PC로 영상 보게 하며 방치하고 어제는 영상 보는 아이에게 소리를 지르며 태블릿 PC를 빼앗아 버렸습니다. 기준이 없는 육아는 저의 자존감을 바닥으로 떨어뜨리고 있었습니다. 이제는 정말 달라지고 싶어요. 아이의 행동을 탓하기 전에 저를 먼저 돌아보고 반성하고 싶어요. 시간이 없다는 등의 핑계는 대고 싶지 않습니다. 아이가 오늘 방울토마토 따기 체험을 하고 왔는데요. 주머니에서 방울토마토 두 알을 주섬주섬 꺼내며 엄마 거라고 손에 쥐여 주더라고요. 제가 방울토마토 두 알을 바라보며 엉엉 울어 버렸습니다.

아이를 독립적인 인격체로 보지 않고 저의 소유물처럼 생각했다는 것을 이번에 알았어요. 아이의 손과 발이 되어 주고 일일이 다 챙겨 줬던 제가 사랑이라는 이름으로 아이의 성장을 오히려 방해하고 있다는 것을 알았어요. 이제 저에게 더 집중하려고요. 아이에게 한 발자국 떨어져서 아이가 먼저 도움을 요청하면 도와주려고요. 다 제 탓이지만, 이제 그런 생각도 하지 않으려고 해요. 저 요즘 독서가 너무 재미있어졌어요. 제가 좋아하는 것을 찾고 나니, 아이와 한 발자국 떨어져 지낼 자신이 생겼어요. 아이가 꿈꿀 때 엄마가 꿈꾼다는 말이 저에게 이렇게 빨리 다가올 줄 몰랐어요!

아이를 정해진 시간에 일찍 재우고 밤이나 이른 아침에 나만의 시간을 갖는다는 것은 단순한 루틴처럼 보여도 그 효과는 단순하지 않다. 하루 중 아주 짧은 시간이지만 나의 하루를 정리하고 자유로움을 느끼면 감정 조절도 한결 쉬워진다. 아주 작은 힘을 지지대 삼아, 오늘 하루도 어제보다 조금이라도 나을 수 있다는 희망까지 느끼게 한다. 나아지고 있다는 희망 자체가 행복이다. 엄마의 자존감까지 올라가는 순간이다. 미라클 베드타임 코칭을 받는 분이 물었다. 「저희는 지금 배운 대로 실천하고 변화를 경험하는 중인데요. 어떻게 이런 진리를 알아내셨어요? 저희는 왜 이 귀한 육아법을 모른 채 이렇게 힘든 시간을 보냈을까요?」

그 질문을 받으니 양육 과정에서 고민 많던 시절이 떠올랐다. 나는 그 자리에서 바로 대답을 하지 못했다. 곰곰이 시간을 두고 생각해 보니 역시나 변화의 시작은 아이를 일찍 재우고 매일 누렸던 나만의 시간이었다. 나에 대한 믿음이 생길수록 아이를 다그치지 않고 인내하는 마음이 깊어졌다. 그런 행동은 결국 나에 대한 믿음이 부족했기 때문이다. 나처럼 살게 될 것 같은 두려움, 나보다는 나은 인생을 살길 바라는 기대감에서 오는 불안감이 아이에게 그대로 전해졌던 것이다.

불안할수록 해결 방안을 아이가 아닌, 나에게서 찾으려고 노력해 보자. 아이는 엄마의 말이 아닌 행동을 보며 자라기 때문이다. 부족하면 부족한 대로 어제보다 나아지려고 노력하는 엄마의 모습을 아이가 보고 있다. 아이를 믿고 싶다고 〈오늘부터 아이를 믿어 줘야지〉라는 주문을 걸면, 정말 믿어질까? 그렇게 단순하다면 좋겠다. 아이에 대한 엄마의 마음과 태도를 바로잡고 싶을수록 아이에게 말로 가르치지 말고 엄마의 삶을 돌아보아야 한다. 내가 잘 살고 있으니 아이들도 제 몫을 하며 성실하게 살아 줄 거라는 믿음이 굳건해지도록 말이다. 엄마 자신에 대한 믿음이 생기면 아이의 사소한 실수나 방황을 지켜보며 기다리는 것이 힘들지 않다. 결국은 잘 될 것이라는 믿음은 엄마 자신에 대한 믿음, 엄마의 자존감에서 시작된다.

○   마음이 달라지면 달라지는 말

아이에게 상처가 되는 말을 일부러 하는 엄마는 없다. 하지만 자신도 모르는 사이에 그런 말을 하는 경우가 많다. 그래서 엄마의 말을 끊임없이 공부하고 연습해야 한다. 하지만 엄마의 말 자체보다 중요한 것은 엄마의 마음, 편안한 감정 상태이다.

요동치는 감정을 잡겠다고 애쓰기보다 해야 할 일들마다 충분한 시간을 부여해야 한다. 감정은 시간과 깊이 연관된다. 시간만 넉넉해도 감정적으로 여유가 생기고 마음이 편안해진다. 너무 많은 일을 다 잘하려고 애쓰다가 시간은 부족하고 일이 잘 풀리지 않으면 결국 내 곁에 있는 가장 약자인 아이에게 불편한 감정을 쏟게 된다. 〈단순한 삶〉, 〈엄마만의 시간〉은 미라클 베드타임을 하면서 계속 마음에 담아 두어야 하는 단어이다.

엄마만의 시간만 가졌을 뿐인데 마음 그릇이 커지고, 예전 같았으면 충분히 욱할 상황인데도 아이의 같은 행동을 다른 시선으로 바라볼 여유가 생긴다. 항상 기본, 저울의 영점 상태에서 하루를 시작하자. 엄마만의 시간이 편안한 감정 상태를 만들고 그런 상태가 유지돼야 말이 변한다. 아무리 마음을 단단히 먹어도 들쑥날쑥한 스케줄, 촉박한 일상을 보내다 보면 엄마의 말은 쉽게 무너진다. 편안한 마음과 함께, 의식적인 노력은 필수이다. 이것만 꼭 기억하자. 엄마의 말이 조금 달라지면 아이는 많이 행복해진다는 사실 말이다. 코칭을 하면서 엄마들이 하기 쉬운 실수와 꼭 염두에 두면 좋을 말 표현을 8가지로 정리해 보았다.

좋은 말 표현 8가지

아이의 장점에 집중해서 말한다

아이의 잘못을 부각하기보다 그 상황에서도 장점을 찾으려는 노력이 필요하다.

「넌 왜 이렇게 불만이 많아! 도대체 뭘 원하는 건데!」

위와 같은 말이 너무 쉽게 나올 수 있다. 하지만 예민한 아이를 섬세한 아이로 바라보자. 고집이 세다고 생각하지 말고 주관이 분명하다고 믿자.

「너의 생각을 엄마에게 분명하게 말해 줘서 고마워. 울지 않고 말해서 오늘은 더 예쁘네.」

하루 종일 아이와 함께하면서 아이와 나눈 말을 떠올려 보자. 무언가를 독촉하는 말만 하지는 않았는가. 의식적으로 아이의 행동에서 장점을 찾아내고 말로 표현하며 긍정적인 행동을 강화시켜 보자. 아무리 노력해도 실천이 안 될 때는 내가 남편에게 듣고 싶은 말을 아이에게 하는 연습을 하면 도움이 된다. 중요한 것은 내가 남편에게 듣기 싫은 말은 아이에게도 하지 않는 것이다.

〈집구석이 이게 뭐야?〉라는 말을 남편이 한다면 기분이 어떨까? 그럼에도 우린 아이들에게 방구석이 이게 뭐냐는 소리를 입에 달고 산다. 〈살림을 하는 거야, 마는 거야?〉는 공부를 하는 거냐 마는 거냐로 생각해 볼 수 있다. 인격적으로 내가 남편에게 존중받고 싶은 마음이 있듯, 아이도 부모에게 존중받고 싶어 한다. 아이와 탯줄이 끊어진 순간, 아이는 나와 다른 인격체라는 것을 잊지 말자.

아이가 세상에 나가서도 사랑받고 귀한 대접을 받도록 감정대로 퍼붓던 입술을 닫고 아이에게 예쁜 말 꼬리표를 붙여 주자.

초두 효과를 사용한다

「엄마 유튜브 영상 하나만 더 봐도 돼요?」

위와 같은 아이의 질문에 어떻게 대답하면 좋을까?

「안 돼. 오늘 이미 많이 봤잖아. 그만!」

안 된다고 말하기가 쉽다. 하지만 긍정 표현을 먼저 한 뒤에도 아이를 통제할 수 있다.

「그래. 오늘은 이미 늦었으니까, 내일 보자.」

아이의 질문에 바로 부정적으로 대답하면 아이는 거절받은 느낌을 가진다. 아이의 물음에 일단은 긍정적으로 대답해 주자. 먼저 제시된 정보가 더 오랫동안 기억에 남기 때문에 부정적인 표현보다는 긍정적인 표현을 사용하면 실제로는 거절을 받았더라도 존중받은 느낌을 가진다. 실제로는 허락이 아니더라도 마음만은 인정받은 느낌이 들게 하자.

〈안 돼〉보다는 가능한 범위를 알려 준다.

〈엄마가 하지 말라고 했지! 뛰지 마!〉보다는, 〈사람이 많은 곳에서는 사뿐사뿐 걸어야 해〉라고 해보자.

〈징징거리지 말라고 엄마가 말했지!〉보다는, 〈엄마에게 예쁘게 말해 줄래?〉라고 엄마도 예쁘게 물어보자.

부정적인 표현으로 아이의 행동을 제지하기보다는 긍정적으로 허용되는 범위를 아이에게 확실하게 제시해 줄 필요가 있다. 생각보다 부정적인 표현은 툭 튀어나오고, 긍정적인 표현은 한참을 생각해야 떠오른다. 어떻게 말해야 할지 고민이 될 때는 아이가 행동하길 바라는 행동 자체를 긍정 언어로 표현해 보자. 사뿐사뿐 걷길 바라는 마음, 예쁘게 말하길 바라는 마음을 담아 보자.

특정 행동을 아이가 바로 하길 원할 때 시간 제한을 두고 명령하는 경향이 있다.

〈이제부터 셋까지 센다. 하나. 둘… 엄마가 빨리 하라고 했지!〉 이런 표현보다는 다음의 말을 사용해 보자.

「엄마는 우리 ○○가 유튜브 그만 보고 엄마 좀 도와주면 좋겠어.」

명령보다 아이가 행동하길 바라는 마음을 담아 부탁하는 연습을 해보자.

아이가 좋아하는 것을 제안하고 자발적으로 행동하게 하자

외출할 시간은 다 되어 가는데 뭐든 좋은 말로 시키면 아이가 한 번에 행동하는 법이 없다. 결국 소리를 질러야 말을 듣는다. 말 한마디에 아이가 즉각적으로 실행하기를 바라는 건 욕심이다. 그런데도 매일 같은 말을 반복하며 아이에게 특정 행동을 지금 당장 하라고 요구하고 있지는 않은가? 방법을 바꿔 보자. 〈빨리 옷 안 입어?〉 〈엄마가 빨리 이빨 닦으라고 했지!〉라고 명령하기보다 아이의 마음을 끌어당기는 제안을 해보는 거다.

「어서 옷 입으면 버스 타기 전에 그네도 탈 수 있어!」

「어서 치카치카 하면 엄마가 책을 더 많이 읽어 줄 수 있는데! 」

엄마가 무섭게 하거나, 억지로 시키면 한 번은 할 수 있지만, 그런 방법은 안타깝게도 오늘만 통한다. 다음 날 또 같은 소리를 반복하거나, 더 강도를 높여야 아이가 행동한다. 아이를 행동하게 하고 싶다면 아이의 마음을 유혹하자.

아이의 마음을 여는 마법 같은 문장을 기억하자

솔직하게 말했다가 혼날까 봐 변명을 하거나 거짓말을 했던 경험이 누구나 한 번쯤은 있다. 아이를 키우다 보면 아이의 자초지종을 들어 보아야 할 때가 있다. 다른 집 아이가 전해 주는 이야기만 듣고 내 아이를 다그칠 수는 없으니까. 〈네가 이유 없이 그러지는 않았을 텐데.〉 이 문장은 아이의 마음을 열어 주는 마법과도 같은 문장이다. 아이가 영화관에서 소리를 질렀다면 잘못된 행동이지만, 아이에게 급박한 상황이었다면 소리를 질러서라도 엄마에게 알려야 한다. 언제나 옳고 언제나 틀린 행동이란 없다. 어떤 상황에서도 아이의 마음의 문을 열고 대화를 시작하자. 기본 전제는 아이를 믿어 주는 엄마 마음이다.

열린 질문을 하자

질문의 유형은 크게 닫힌 질문과 열린 질문이 있다. 닫힌 질문은 아이의 생각을 막는다. 〈숙제했어?〉라고 물으면 아이의 대답은 〈예〉나 〈아니오〉로 끝난다. 엄마가 일방적으로 하고 싶은 말만 하면 아이는 생각을 끄집어

내거나 표현할 기회를 얻지 못한다. 열린 질문을 사용하여 아이에게 주도권을 주자. 열린 질문은 〈언제, 어디서, 누가, 무엇을, 어떻게, 왜〉라는 단어를 넣어서 만들 수 있다. 〈네〉, 〈아니요〉로 끝나지 않는 질문을 해야겠다고 마음먹어도 좋다.

「숙제하지 못한 이유가 뭘까?」

「숙제할 때 어떤 도움이 필요하니?」

「숙제를 언제 하면 ○○이 마음이 편할까?」

열린 질문으로 대화를 하면 대답이 또 다른 대화로 이어지며 생각을 주고받게 된다.

단순하게 말하자

길게 말할수록 아이는 엄마 말의 핵심을 파악하지 못해서라도 선뜻 행동으로 옮기지 못한다. 아이가 한 번에 말을 듣지 않으니 엄마는 또 강조하며 여러 번, 사소한 모든 것들을 일일이 행동하라고 종용하며 말을 늘어놓는다. 즉, 지시를 많이 할수록 아이는 엄마의 말을 소홀하게 듣는다.

「내일 숙제는 다 했니? 책가방은 챙겼고? 샤워도 빨리 해야 머리까지 말리고 잘 수 있지 않겠니? 이는 언제 닦으려고 아직도 그렇게 꾸물거리니?」

한결같은 루틴이 있는 가정은 연결성과 규칙성을 강화함으로써 일상을 간결하게 표현할 수 있는데 이는 아이에게 자율성과 더불어 안정감을 준다.

「벌써 8시인데. 이제 우리 뭐해야 하지?」

오히려 짧고 명료한 한마디가 아이를 행동하게 한다.

천천히 말하자

천천히 말하면 생각할 수 있다. 생각하면 실수가 줄어든다. 엄마가 이미 뱉은 말은 주워 담을 수가 없다. 어떠한 순간에도 이성을 잃지 않으려고 의식적으로 노력하면서 천천히 말하면 불필요한 말을 줄일 수 있다. 사실 엄마도 아이의 행동에 상처받는다. 그렇다고 엄마가 아이에게 똑같이 할 수는 없다. 엄마가 먼저 말로 아이 마음에 상처를 주지 않았는지 돌아보아야 한다.

엄마의 언어는 달리기 출발선에서 신호에 맞춰 기다렸다가 바로 뛰어나가듯 〈오늘부터 예쁘게 말하는 엄마가 되어야지. 시작!〉 하는 마음으로 쉽게 시작할 수 있는 변화가 아니다. 정말 필요한 준비는 엄마의 편안한 마음이다. 마음이 편안하면 엄마의 말은 자연스럽게 따뜻해진다. 지금 내 마음에 화가 부글부글 끓는데, 〈초두 효과를 사용해서 말해야지〉 하는 결심은 의미가 없다. 머리에 떠오르지도 않겠지만, 설사 떠올랐다고 해도 엄마 얼굴에 드러난 표정과 말투는 어떻게 할까? 아이에게 더 큰 상처가 된다.

시간과 감정의 여유를 바라는 바람조차 내 인생에서는 사치인 것 같다면, 그럴수록 아이를 일단 일찍 재우고 엄마의 시간을 확보하자.

○ **엄마만의 시간에 하는 감사의 루틴 훈련**

한 가지 익숙한 행동 뒤에 연달아서 새로운 행동을 추가하는 방법으로 애쓰지 않고 새로운 습관을 만들어 가보면 어떨까? 나쁜 습관을 없애거나 고치려고 하기보다는, 좋은 습관을 추가적으로 강화해 나가는 편이 삶의 질을 높여 나가는 데 도움이 된다. 나는 손잡이가 있는 모든 것을 잡는 순간, 〈감사합니다〉를 읊조리듯 말한다. 새벽 기상을 하고 방문을 열 때도, 아직 먼동이 트지 않은 새벽 풍경을 기대하며 커튼을 걷을 때도, 신선한 아침 공기를 기대하며 창문을 열 때도 〈감사합니다〉라는 말을 한다. 처음엔 기계적으로 했다. 많은 자기 계발서에서 긍정 선언을 하면 좋다고 해서였다. 별 의미 없이 시작했던 아주 간단한 루틴이었지만 실천한 시간이 더해지니 힘이 더해졌다. 다섯 식구가 밤사이 무탈하게 숙면을 취하고 일어난 것도 감사하고, 새로운 하루가 주어진 것도 감사하고, 비가 오는 날은 시원한 빗소리가 감사하고, 구름 낀 날은 분위기 있어서 감사하고, 맑은 날은 에너지가 충전되는 것 같은 기분만으로도 감사하다.

새벽이나 밤에 누구의 방해도 받지 않는 엄마의 시간은 소중하다. 하지만 그조차도 부담스럽다면 감사 루틴부터 시작해 보길 권한다. 따로 시간을 낼 필요도 없다. 손잡이를 기억하고, 뭐든 열고 닫을 때 나에게 힘을 주는 긍정 한마디는 뭐가 있을까? 자신만의 문장을 떠올려 보자. 큰 것을 한 번 행하는 것보다 작은 것을 여러 번 행하는 것이 더 큰 변화를 가지고 온다. 오히려 일상 속에서 시간이 흩어져 있기 때문에 자칫 흐려질 수 있는 마음을 하루 종일 지켜준다. 엄마의 감정은 하루에도 수십 번 〈발끈〉과 〈불쑥〉이 동행한다. 쉬지 말고 기도하고 범사에 감사하란 말씀처럼, 어떤 종교를 가졌건 이미 내가 가진 것에 감사하고 집중하는 마음이 엄마의 감정을 지켜 준다.

감사가 시작되면 존재 가치가 변한다

여러분은 스스로를 어떤 존재로 생각하는가? 나의 존재는 내가 결정한
다. 내가 집에서 밥이나 하는 사람이라고 생각하면 사는 게 재미 없고 때때
로 무기력한 감정이 든다. 나의 일을 통해 존재감을 느끼고 내 감정의 온전
한 주인으로 살아가는 방법은 없을까? 내가 하고 있는 일, 매일 반복되는
사소한 일상이 내가 원하는 가치관을 향해 나아가고 있다고 느껴야 공허하
지 않다. 걸음걸이부터 바꾸어 보자. 어깨 쭉 펴고 걸어가는 순간 이미 같
은 상황이지만, 다른 사람이 될 수 있다.

밥하는 사람 – 가족의 건강을 책임지는 사람

전업주부 – 육아 전문가 (내 아이를 가장 잘 아는 사람이니까!)

○○엄마 – 세계 유일무이한 꿈나무를 키우는 사람

스티브 잡스도 우리가 가진 가장 소중한 자산은 바로 〈시간〉이라고 말했
다. 나는 엄마들이 〈시간〉을 잘 활용하도록 돕는 미라클 베드타임 코치다.
단순히 직업인으로 보면 평범하지만 가치를 전달하는 사람으로서 본다면
나는 남다른 일을 하는 사람이 된다. 나로 인해 변화하는 가정이 늘어나면
내 이웃과 사회, 더 나아가 나라가 바뀐다. 근사하지 않은가? 스스로의 일
에 의미를 부여해 보자. 그것만으로도 에너지를 얻을 수 있다. 타인과의 비

교도 무의미하다. 오로지 어제의 나하고만 비교하면 된다. 성장이 보이면 칭찬해 주고, 성장이 느껴지지 않으면 원인을 찾아보면 된다. 나 스스로를 바라보는 시선만 바꾸어도 특별한 내가 된다.

○ 부부 관계의 재발견

남편 옆자리는 비워 두자

코칭을 하면서 놀라운 것 중 하나는 상당수의 부부가 아이들 때문에 따로 잔다는 것이다. 남매를 키우는데 아빠는 큰아이와 자고 엄마는 작은 아이와 자는 가정, 아빠는 혼자 자고 엄마는 아이와 함께 자는 가정 등 다양한 형태로 잠을 잔다. 부부가 함께 자고 싶어도 한 명이 지나치게 예민하다거나, 코를 심하게 곤다거나, 출근 시간이 다르다거나 등의 사정이 있을 수 있다. 상황에 따라서 따로 자더라도 부부가 서로 원할 때는 언제든 만날 공간이 있어야 한다는 것만은 강조하고 싶다.

부모의 정서가 충만해야 자녀에게 나눠 줄 수 있다

하루가 참 고되다. 아내도, 남편도 각자의 자리에서 전쟁 같은 하루를 보내고 밤이 되어서야 만난다. 서로 팔베개를 해주며 수고했다는 말 한마디라도 건넬 수 있으면 큰 힘이 된다. 각자 스마트폰 보다가 대화 없이 잠드는 부부와, 짧게라도 정서적 교감을 나누고 잠드는 부부, 어떤 모습이 좋을까?

특히 출산을 하면 호르몬에 변화가 생기고, 내가 없어지는 것 같은 무기력함, 세상은 바쁘게 돌아가는데 나만 멈춰 있는 것 같은 두려움 등으로 감정 조절이 더 어렵다. 주체하지 못한 감정은 화가 되어 습관처럼 아이를 향하고, 그러다가 잠든 아이를 보면 또 미안한 마음이 생겨 자존감이 한없이 추락한다. 모든 엄마가 이 순서를 하염없이 반복한다. 그럴 때 배우자가 건네주는 따뜻한 말 한마디와 관심은 처음 해보는 엄마 역할을 고군분투하며 지켜 내는 아내에게 큰 힘이 된다.

이때에도 미라클 베드타임은 매우 단순하지만 확실한 처방을 내린다.

1. 아이를 일찍 재운다.
2. 남편 옆에 잠시라도 누웠다가 상황에 따라서 아이 곁에 가거나 대처를 한다. 일단은 남편 옆에 내 자리가 있어야 한다.

아이 수면이 고민이어서 미라클 베드타임을 신청했지만 위에 두 가지를 함께 실천한 덕분에 자연스럽게 다른 고민들이 해결된 경우가 있다. 8세와 4세 남매를 둔 희정 씨가 〈이제는 남편 옆에 가는 것도 어색하다〉고 하자 나는 다음과 같이 제안했다.

「코칭받는 중인데 숙제라고 하면서 다가가 보세요. 자존심이 상하긴 하죠? 하지만 희정 씨가 먼저 시도하지 않는다면, 희정 씨 가정은 앞으로 어떤 모습으로 살아가게 될까요?」

이렇게 이야기한 뒤 며칠이 지났다. 희정 씨에게서 메시지가 왔다. 남편이 〈네 자리는 항상 비어 있었다〉고 말했다는 것이다. 메시지 창에서 희정 씨의 행복이 느껴졌다.

아내가 정말 듣고 싶은 말은 〈힘들지?〉 그 말 한마디이다. 공감해 주는 마음이다. 미국 최고의 가정 문제 상담가이자 심리학 교수인 제임스 돕슨 박사는 이렇게 말한다. 「아내는 남편이 그 고충만 알아준다면 죽는 것 빼고 는 다 할 수 있다.」 아내는 공감받을 때 생각보다 강하고, 인정받지 못한다고 느낄 때 생각보다 무기력하다. 혹시라도 이 책을 남편이 읽는다면 마음으로만 사랑하지 말고 아내에게 꼭 말로 전해 주면 좋겠다.

정희 씨는 연년생 딸을 키우는 전업주부이다. 정희 씨의 고민 중 하나도 남편과의 소통 부재였다.

저희 부부는 라이프 패턴이 완전히 달라요. 서로 생활하는 리듬, 수면 패턴만 조금 더 맞아도 육아하는 제 마음이 한결 여유로울 것 같은데요. 좀 아이러니한 것은요, 저희 남편은 제가 일찍 자는 날은 늦게 자고, 제가 늦게 자는 날은 일찍 자요. 설마 일부러 그러는 건 아닐 거라고 생각했는데요. 요즘 보면 일부러 그러는 것 같아서 더 속상해요. 첫째가 아파서 며칠 저와 함께 잤어요. 그랬더니 그 기간 내내 스마트폰 보고 늦게 잠들더라고요. 평소엔 눕기만 하면 쿨쿨 잠들어서 저랑 대화 나눌 시간도 없는 사람이 말이에요. 제가 하루 종일 독박 육아에 시달리느라 어른과 대화다운 대화 한 번 나누지 못하는데요. 남편이 제 마음의 상태에 조금 더 관심을 가져 준다면 얼마나 좋을까요? 남편이 일부러 저를 피한다고 생각하니까 제가 육아를 하는 중 불쑥불쑥 화가 더 많이 나요. 남편과 조금 더 소통하고 싶다는 생각이 커집니다. 외롭다는 생각이 들어요. 우선 남편과 대화할 시간만이라도 조금 더 많아지면 좋겠어요.

코칭을 하다 보면 다양한 케이스를 만나게 된다. 엄마 신체의 일부를 만지면서 자는 아이, 자다가 엄마가 옆에 없으면 자주 깨서 결국 엄마를 찾아오는 아이 등 다양하다. 아이가 하룻밤에도 수차례 깨는 상황이라면 엄마가 너무 피곤하기 때문에, 부부가 함께 자기는커녕 정희 씨네 부부처럼 남편과의 시간을 마련하는 것조차 마음 편히 하지 못한다. 그러나 정서적으로 아이를 충만하게 해주는 시간이 더해지면 가지고 있던 문제들이 완화되고, 아이의 오랜 습관도 비교적 빠른 시간 내에 좋아진다. 그러면 부부가 같이 지내는 시간이 상대적으로 늘어나 부부 사이도 좋아진다. 목표와 우선순위를 어디에 두느냐에 따라서 포기하지 않고 꾸준히 실천한 결과이다. 함께 자지 않더라도 매일 부부가 서로를 응원하는 정서적 교감의 시간과 공간은 꼭 마련하자.

권위 있는 부모가 되어야 한다

교육 심리학자 요세프 크라우스는 그의 저서 『부모의 권위』에서 이렇게 말한다. 「부모들이 자녀를 키우면서 반드시 기억할 사항으로 〈아이가 부모를 만만하게〉 여겨서는 안 된다. 많은 가정에서 아이가 상처받을까 봐 훈육을 두려워하고 지나치게 많은 권한을 주는데, 이 때문에 아이들이 무능해진다. 〈사랑과 훈육, 허용과 규제〉 사이에서 균형을 잡지 못하고 흔들리는 부모는 잃어버린 권위를 찾아야 한다.」

차를 타도, 잠을 잘 때도 엄마 옆에는 아빠, 아빠 옆에는 엄마라는 것을 아이에게 가르칠 필요가 있다. 모든 가정이 동일한 상황은 아니지만, 우리 집의 경우 아이들과 더 많은 시간을 보내는 엄마는 편안해하고, 아빠는 친하면서도 어려워한다. 컴퓨터 사용 시간처럼 아이에게도 중요한 안건은 아이의 의견을 묻고 함께 정하는 것은 좋지만 결국 부모의 권위가 있어야 아이가 그 결정을 따른다. 부모에게 권위가 없으면 같은 말을 여러 번 해도 규칙이 지켜지지 않는다. 부모의 권위가 살아 있을 때 기준과 규칙이 있는 튼튼한 울타리 안에서 아이가 안정과 자율을 누리며 생활할 수 있다.

〈하브루타〉라는 유대인의 교육법이 인기이다. 가족회의는 물론 아이에게 더 많은 선택권을 주기 위한 다양한 시도를 하고 있다. 그러나 부모에게 권위가 없으면 형식은 따라할 수 있어도 유대인 가정이 누리는 진정한 교육의 효과와 변화를 기대하기 어렵다. 규칙을 정했으면 어김없이 실천하고 다시 돌아보고 개선하는 과정이 수반되어야 하는데, 이는 부모의 권위가 있어야 가능하기 때문이다.

많은 부모가 〈친구 같은 부모〉가 되고 싶어 한다. 아이는 아이 인생에서 수많은 친구를 만난다. 그러나 부모는 단 두 사람이다. 친구 같은 부모를 꿈꾸기보다 〈부모다운 부모〉가 되어야 한다. 권위적인 부모가 되어서도 안 된다. 부부가 잘 소통하며 부모의 권위를 잃지 않도록 노력한다면 자녀 교육의 많은 고민이 자연스럽게 해결된다.

부부가 서로의 권위를 세워 주는 노력도 필요하다. 상대방이 아무리 마음에 들지 않더라도 아이 앞에서 다투거나 불만을 토로하는 일은 없어야 한다. 부부라도 생각이 같을 수는 없다. 서로의 의견이 일치하지 않더라도 아이 앞에서 다투는 것만은 하지 않으려는 노력이 필요하다.

행복한 부모의 필수 조건, 부부만의 시간을 챙기자

결혼하면 가장 좋은 것이 무엇이냐는 설문 조사에서 이런 응답이 1위를 한 적이 있다. 〈밤에 헤어지지 않아도 된다. 엄마한테 늦게 간다고 연락하지 않아도 된다.〉하지만 현실은 다르다. 임신, 출산, 육아를 겪으면서 밤에 헤어지지 않아서 마냥 좋던 신혼은 어디로 가버리고, 밤과 낮의 구분이 없는 생활이 시작된다. 그럼에도 불구하고, 아이들이 일찍 자면 부부는 신혼의 설렘을 얼마든지 누릴 수 있다.

우리 부부는 매주 금요일을 부부만의 시간으로 정했다. 매일 밤 9시면 조용한 집이었으니 금요일만 부부의 시간을 보낸 건 아니었지만 그래도 금요일은 특별한 시간을 보내려고 노력했다. 주말이 아직 이틀이나 남았고, 다음 날 긴장하며 일찍 일어나지 않아도 되니 금요일 밤만은 〈여유〉라는 호사를 누리고 싶었다. 보고 싶었던 영화를 미리 정해 두기도 하고, 시원한 맥주와 안주도 준비했다. 첫째가 초등학교 고학년이 되도록, 매주 부부만의 이벤트를 기대하며 위태위태하던 시기도 그럭저럭 잘 지낼 수 있었다. 머리가 바닥에 닿기만 해도 잠이 쏟아지던 그 시절, 다른 날은 아이 재우다가 잠이 들어도 금요일만은 잠들지 않으려고 엄청나게 애썼다. 그 때의 기억이 아직도 생생하게 나는 걸 보면 그 시간이 내게 큰 위로가 된 게 틀림없다.

「오늘은 애들 재우다가 자면 안 돼. 잠 들지 마.」 옆구리를 툭 치며 이런 말을 건네는 재미도 있었다. 물론 이렇게 말해 놓고 누군가가 먼저 잠든 날도 많았다. 어차피 부부이다. 이런 날도, 저런 날도 보내며 더 재미있게 살아보려고 노력했던 것만으로도 충분히 행복한 시간이었다. 대신 아이들 재워 준다고 아이들 옆에 누웠던 남편이 한 주의 피곤을 도저히 못 이기고 잠든 날, 서운하긴커녕 쾌재를 불렀던 날도 많다. 오히려 혼자만의 시간을 잘 즐겼으면서 다음 날 아침에는 어떻게 먼저 잘 수가 있느냐며 싱거운 구박도 하는 등 평범한 듯 재미있게 살아왔다.

9시 취침은 큰아이가 초등학교 6학년이 되면서부터는 조금씩 늦춰졌다. 아이들 인생의 첫 10년만 일찍 자는 연습을 하면 그것으로 충분하다. 10년간 아이들은 충분한 수면으로 최상의 컨디션을 매일 유지했고, 부모는 정신적으로, 감정적으로 충분한 휴식과 재충전의 시간을 가질 수 있었다. 그 이후 아이는 몸에 밴 규칙적인 습관과 시간의 개념을 가지고 알아서 생활해야만 하고 또 그렇게 할 수 있다. 더 이상 아이의 스케줄을 관리해 주고 싶어도 해줄 수가 없다.

아이를 일찍 재우면 어느 가정이나 부부만의 시간을 방해받지 않으며 결혼 생활을 유지할 수 있다. 행복한 부모가 되는 비결은 간단하다. 부부가 소통하면 된다. 부부가 소통하기 위해서 긴 시간이 필요한 것도 아니고 꼭 얼굴을 봐야지만 가능한 것도 아니다. 다만 아이들이 일찍 잠들었을 때 크게 애쓰지 않아도, 상황이 좋지만은 않아도 부부가 서로를 더 이해하고 도울 수 있는 〈물리적인〉 상황이 조금 더 쉽게 만들어진다. 아이들을 일찍 재우기만 했는데 부모 노릇이 힘든 줄도 모르고 아이를 키울 수 있었다.

부부 사이에 도움이 필요하다면 더 건강해지기 위한 싸움을 하기 위해서라도 아이를 재우고 시간을 만들어 보자. 변화는 분명히 생긴다.

언제까지 남편에게 의지할 수 있을까

지금 아이 걱정할 때가 아니다. 백세 시대가 우리 곁에 바짝 다가왔는데 죽을 때까지 남편에게 내가 쓴 카드 값을 자동 이체 해달라고 할 수 없다. 지금은 육아를 병행하고 있으니 남편이 대신해 준다고 하지만, 육아가 평생 지속되지는 않으니 무엇이든 일을 찾아서 해야만 할 것 같은 분위기이다. 우리 아이들은 앞으로 평균 7회 이상 직업을 바꾸면서 살아갈 것이라고 미래학자들이 말한다. 아이들뿐만 아니라 우리 세대도 이미 비슷한 상황이다. 지금 운이 좋아서 직장에 다니고 있고 65세까지 일을 할 수 있다고 해도 퇴사 이후 최소 35년을 더 살아야 한다. 그리고 요즘 65세 어르신을 보면 예전에 우리가 생각했던 그런 노인이 아니다.

미국의 심리학자 에이브러험 매슬로는 모든 사람에게는 다섯 가지의 욕구가 존재하며, 하위 단계 욕구가 이루어지면 상위의 욕구가 발생한다고 한다. 가장 하위 단계인 생리적 욕구나 안전의 욕구가 충족되었다면 당연히 사회적으로 인정받고 싶은 욕구 그리고 더 나아가 자아실현의 욕구가 생긴다. 그리고 상위 단계의 욕구들이 충족될 때 진정 행복한 삶을 살아갈 수 있다고 한다. 경제적인 이유는 물론이고, 나의 몸과 마음을 지키기 위해서라도 일을 해야 하지 않을까?

코칭을 하다 보면 남편과 금슬이 좋은 분들 중에 유난히 남편에게 의존하고 새로운 시도를 두려워하는 엄마들이 있다. 현실이 답답해도 안전지대를 벗어나고 싶지 않은 마음도 이해가 간다. 평생 의지할 만한 자상하고 따뜻한 남편을 만나는 것도 인생의 큰 복이다. 하지만 어떤 남편과 살고 있느냐는 것과는 무관하게 한 개인으로서 독립적인 능력을 갖추어야 한다는 사실을 끊임없이 생각해 보고 다음과 같은 고민을 해보면 좋겠다.

아이에게 짐이 되는 건 아닐까?

눈 깜짝할 사이에 아이는 청소년이 된다. 머지않아 대학에 가고 취업을 하고 가정을 꾸리는 시간들이 금세 다가온다. 아이는 성인이 되었을 때 부모를 어떻게 생각할까? 어릴 때 고가의 옷을 사주고, 사교육을 많이 시켜준 것을 고마워할 것 같지는 않다. 때때로 〈음악이라는 변치 않는 친구를 제 인생에 선물해 주셔서 감사합니다. 악기 배우게 해주셔서 감사해요!〉 이런 말을 하는 친구는 봤다. 하지만 〈창의 수학 학원 10년간 보내 주시고, 일주일에 13개의 학원 보내 주셔서 감사하다〉고 인사하는 친구를 본 적은 없다. 오히려 〈우리 엄마가 사교육 어마어마하게 시켜서 진짜 공부 하기 싫었다〉라고 말하는 친구는 있다. 가수 이적의 어머니로 더 유명한 여성학자 박혜란이 떠오른다. 워낙 바빠서 엄마를 만나려면 미리 약속을 잡고 오라 했다는 아들의 글을 보고 나도 꼭 그런 엄마가 되고 싶다는 생각을 했다. 나의 일이 있고, 건강하고 즐거운 나만의 생활이 있어서 자식들이 엄마를 걱정하지 않아도 되게 해주는 것, 그것이 성인이 된 자녀에게 가장 고마운 선물이 아닐까 싶다. 그래서 지금도 이렇게 부지런히 일을 찾아서 하고, 글을 쓰고 있는지도 모르겠다.

나도 상대에게 힘이 되는 존재인가?

부부의 경제 활동이 언제까지 지속될지 아무도 알 수 없다. 가장 불안한 사람은 가장으로서 책임을 지고 있는 사람이다. 남편일 수도, 아내일 수도 있다. 불안한 현실을 부부 중에 한 사람만 떠맡게 하는 것보다는 서로 도울 수 있는 현실적인 방법을 찾아야 할 것이다. 2인 자전거 바퀴를 함께 굴릴 때처럼, 한 명이 지치면 다른 한 명이 조금 더 힘을 내어 주면서 멈추지 않도록 말이다.

직장인이라면 퇴사 후의 방향, 자영업자라면 불경기를 대비한 큰 그림을 그려야 한다. 퇴사하고 나서 그때부터 일을 찾으면 치킨 집밖에 안 떠오르지만, 미리 준비한다면 또 다른 아이디어가 생길 것이다. 지금까지는 사회적으로 좋아 보이는 삶을 추구하며 살아왔다면, 두 번째 직업은 내가 정말 하고 싶었던 것을 하겠다는 의지를 발휘할 수도 있다. 아내가 자기 계발을 하고 싶어 할 때는 남편이 육아에 조금 더 적극적으로 참여하고, 아내가 본격적으로 일을 시작하고 자리가 잡히면 그다음엔 남편 차례이다. 남편이 퇴근 후에 공부를 하거나, 모임에 참여할 수 있도록 서로 배려해야 한다.

✔ 우리 집 루틴 만들기

루틴은 시간과 감정 낭비를 줄이고 습관을 강화한다

7장

○ 본질에 가까운 삶

단순한 삶을 살지 않으면 미라클 베드타임을 실천하기란 쉽지 않다. 역으로 미라클 베드타임을 실천하면 단순한 삶을 살 수 있다. 무엇이 먼저라고 정하긴 어렵지만 〈미라클 베드타임은 곧 단순한 삶〉이라고도 말할 수 있다. 단순한 삶을 살면 자연스럽게 중요하게 생각하는 일을 중심으로 하루 일과가 정해지고 루틴이 만들어진다.

경영 컨설턴트이자 작가인 한근태와 함께하는 독서 모임에서 루틴과 습관에 관한 책을 읽고 토론을 한 적이 있다. 그때 깨달은 것은 고수의 생활은 단순하다는 사실이다. 한근태 작가 역시 매일 9시 전에 잠들고 새벽 3~4시에 일어나 글을 쓰고 운동을 하는 규칙적인 생활을 하고 있었다. 새벽 몇 시에 일어나 미라클 모닝을 했느냐보다 전날 일찍 자는 것의 중요성, 일찍 자기 위해 반드시 지켜야 하는 단순한 생활을 강조했는데 이는 미라클 베드타임의 본질과도 통한다. 늦게 자고 미라클 모닝을 한다면 수면 부족으로 건강 문제가 생긴다. 미라클 모닝을 제대로 하기 위해서는 취침 시간을 철저히 지켜야 하는데 그러려면 단순하고 절제된 저녁 생활을 유지해야 한다.

한근태 작가는 『고수와의 대화, 생산성을 말하다』에서 〈생산성의 핵심은 단순화와 집중이다. 복잡함을 제거한 후 가장 본질적인 곳에 에너지를 집중하는 것이다. 생산성을 올리기 위해서는 정체성을 명확히 하고, 그것과 별 상관없는 것은 모두 삭제해야 한다〉고 말한다. 우리가 몸 담고 있는 조직의 생산성을 위해서도 노력하는데 내 인생, 내 가족의 생산성에 관심을 갖지 않을 수 없다.

중요한 것만 남기고 단순한 삶에 집중하자

식당도 잘되는 곳은 한두 가지 메뉴만 판다. 그만큼 자신 있다는 뜻이고 재료가 신선하다. 잘되는 곳은 점점 잘된다. 우리 동네 한 육개장 국밥집이 어려웠는지 하나둘 메뉴를 추가하더니 결국 정체성을 잃고 평범한 식당이 되고 말았다. 일반적으로 생산성이 높은 사람은 한두 가지 일만 집중해서 처리하고 높은 성과를 얻는다. 반면 생산성이 낮은 사람은 일의 우선순위 없이 바쁘게만 생활한다. 지금 우리의 일상은 단순하고 여유로우며 예측 가능한가? 아니면 꽉 채워진 스케줄로 인해 허둥지둥 살아가는가? 아이는 너무 많은 사교육으로 정작 중요한 자기 주도 학습 시간은 없고, 엄마는 불필요한 사적 만남과 빽빽한 스케줄로 바쁘게만 살아가는 건 아닌지 점검해 볼 필요가 있다.

아마존 CEO 제프 베조스는 사업 초창기 때 월요일부터 목요일까지는 사적인 일정을 완전히 비웠다. 그 시간을 탐색하고 배우고 생각하는 시간으로 여기고 회사 구석구석을 돌아보며 평소 잘하지 못한 일을 처리하는 데 집중했다. 성공한 사람은 빈틈없이 짜여진 스케줄을 보낼 것 같지만, 진짜 성공한 사람들은 그 반대이다.

미라클 베드타임의 본질 역시 단순하다. 질 좋은 수면이다. 질 좋은 수면을 방해하는 것, 수면 루틴을 방해하는 생활은 과감하게 버린다.

미라클 베드타임은 실천하기 가장 쉬운 육아법이면서 사실 그 반대이기도 하다. 쉽다고 말하는 이유는 아이를 재우다가 정 힘들면 엄마도 그냥 자면 되기 때문이다. 쉽지 않은 이유는 매일 할 일을 〈제대로〉 다 하고 정해진 시간에 자려면 복잡한 생활을 단순화해야 하기 때문이다. 하지만 이것이 결국 우리가 지향해야 하는 삶의 방향이 아닐까? 여유롭고 단순한 삶, 비웠기에 더 많이 채울 수 있는 삶이다.

쌍둥이를 포함한 삼남매를 키우는 서경 씨는 미라클 베드타임을 실천한 뒤 이런 이야기를 했다. 「우리 가족만의 간결한 저녁 루틴을 보내고 약속한 시간이 되면 모두 자러 들어가요. 피곤하면 저도 자면 되기 때문에 이보다 더 좋을 수는 없어요. 제가 예전에는 왜 세 아이를 따로 재웠는지 모르겠어요. 세 아이를 같은 시간에 재우니까 남편과 번갈아 가며 운동도 할 수 있게 됐어요. 신세계예요.」

서경 씨도 처음부터 쉬웠던 것은 아니지만, 지금은 1년째 같은 습관을 유지하고 있다. 미라클 베드타임은 한 번 시작하면 가끔 느슨해질 수는 있어도 절대로 포기할 수 없는 가족의 핵심 습관으로 자리잡는다.

〈미니멀 라이프〉라고 하면 무엇이 떠오르는가? 단순히 물건을 비우는 것이 아니라 소중한 물건만 남기는 것이다. 비우는 과정에서 내가 소중하게 여기는 것이 무엇인지 깨닫는다. 삶의 본질에 집중하며 소박하지만 우아하게, 단순하지만 풍요롭게 사는 라이프 스타일이다. 퇴근이 늦는 것도 아닌데 미라클 베드타임을 당장 실천하기가 망설여진다면 미니멀 라이프로 시작해 보길 권한다. 눈에 보이는 물건을 비우다 보면 단순한 삶의 장점이 구체화되면서 미라클 베드타임을 시작하고 싶다는 의지로 이어질 수 있다. 실제로 미라클 베드타임과 미니멀 라이프를 함께 실천하며 삶을 단순화하고 생산성을 높이는 가정이 많다. 시작이 어려울 뿐이지, 변화의 시작은 단 몇 주 안에도 나타난다. 그러니 〈미라클〉이란 말을 계속 쓰게 된다.

한근태 작가의 말을 빌리자면, 지혜로운 사람은 복잡한 것도 단순하게 만들고 어리석은 사람은 간단한 것도 복잡하게 생각한다고 한다. 어떤 삶을 살고 싶은지 생각해 보자. 스티브 잡스의 말을 인용한다. 「내 만트라(반복해서 외우는 주문) 가운데 하나는 집중과 단순함이다. 단순함은 복잡한 것보다 더 어렵다. 생각을 명확히 하고 단순하게 만들려면 열심히 노력해야 한다. 하지만 그럴 만한 가치는 충분하다. 일단 생각을 명확하고 단순하게

하면 산도 움직일 수 있다.」*

○   루틴이 필요한 이유

단순한 삶을 통해 무엇을 얻을까? 엄마로서 가장 이상적인 생산성 있는 삶이란, 아이를 잘 키우는 동시에 엄마도 함께 성장하는 삶이다. 미라클 베드타임은 엄마로서의 삶도, 나로서의 삶도 뒤죽박죽 엉켜 있을 때 복잡한 실타래를 풀듯 생활을 정돈하고 가족의 생산성을 높일 수 있는 방법을 제시한다. 변수로 가득한 일상을 단순한 루틴으로 만들고, 의식하지 않고도 실천할 수 있는 습관을 통해서다.

『루틴의 힘』에서 그레첸 루빈은 이렇게 말한다. 「루틴의 형성에는 결국 인내와 지속성이 관건이다. 영감이 찾아오길 마냥 기다리지 마라. 영감을 담을 수 있는 뼈대를 먼저 만들어 둬라.」**

미라클 베드타임의 취침 습관은 지속 가능한 루틴이자 성공적인 삶을 위한 뼈대로 볼 수 있다. 하루도 빠지지 않고 공부를 시키거나 책을 읽어 주는 것보다, 아이를 재우는 일은 실천하기 쉽다. 게다가 최소 10시간 동안 지속되기에 더 없이 좋은 핵심 습관이다.

---

* 한근태, 『고수와의 대화, 생산성을 말하다』(서울: 미래의 창, 2019), 32쪽.
** 댄 애리얼리 외, 『루틴의 힘』, 정지호 옮김(서울: 부키, 2020), 21쪽.

어떤 가정이든 루틴이 있다. 나의 생활을 윤택하게 이끌어 주는 루틴도 있고, 나의 생활에 도움이 되지 않는 부정적인 루틴도 있다. 생산성을 높이고 목표를 이루고자 한다면 그것에 부합하는 행동을 일상에 꾸준히 녹여 반복적으로 실천해야 한다. 이러한 과정이 루틴이고, 불쑥 찾아와 루틴을 방해하는 불청객 같은 스케줄은 과감하게 거절하거나 정리할 필요가 있다. 이런 경험이 한 번쯤은 있을 것이다. 아이를 씻겨야 하는 상황인데 아는 엄마로부터 전화가 걸려 왔다. 급한 내용은 아니지만 반갑기도 했고 계속 통화를 하다 보니 30분이 훌쩍 지났다. 아이들은 옆에서 심심하다고 난리이다. 일단 조용히 시켜야겠다는 생각에 TV를 틀어 주었다. 전화를 끊고 나니 밤 9시가 넘었다. 마음이 급해졌다. 혼자서 마음이 급해진 엄마는 아무 잘못도 없는 아이를 다그치고 빨리빨리 행동하라고 재촉하며 결국 아이에게 온갖 짜증을 내며 재운다. 〈전화만 안 했어도 감정의 큰 기복 없이 평화로운 마음으로 아이들을 재웠을 텐데〉라고 생각하니 아이들에게 더 미안한 마음이 든다.

　루틴이 있으면 예상치 못한 일이 생기는 순간, 빠른 상황 판단이 가능하다. 「제가 이 시간에는 아이를 재워야 해서요. 10시 넘어서 통화할까요? 아니면 내일 낮 점심시간에 통화 가능해요. 미안해요.」 사실 이렇게 말해도 아무 상관없다. 급한 일도, 바쁜 일도, 중요한 일도 아닌 보통의 전화이기 때문이다. 루틴은 우리에게 기준을 제시하고, 일상의 스케줄뿐만 아니라 감정까지도 지켜 주면서 규칙적인 생활에 방해가 되는 요소를 자연스럽게 줄여준다.

미라클 베드타임 코칭 후 설문 조사 결과(설문 대상: 미라클 베드타임 코칭 참가자 200명)

아이가 잠자리에 누운 뒤
잠들기까지 걸리는 시간은?

- 20분~40분 *60%*
- 20분 미만 *38.3%*
- 40분~1시간 *1%*

취침 시간은 평균 얼마나 당겨졌는가?

- 1시간 정도 *43.3%*
- 30분 미만 *23.5%*
- 45분 미만 *17%*
- 그대로 *8.2%*
- 15분 미만 *2%*
- 더 늦어졌다 *1%*

아이가 잠드는 시간은 평균?

- 9시~9시 30분 *35.1%*
- 9시 30분~10시 *17%*
- 10시~10시 30분 *17%*
- 9시 45분~10시 *10.5%*
- 9시 전 *8.2%*
- 9시 30분~9시 45분 *2%*
- 아직도 매일 다름 *1%*
- 기타 *1%*

미라클 베드타임으로
얻은 성과는?

예전보다 일찍 자게 됨	75.4%
수면까지 걸리는 시간 단축됨	45.9%
아이와 정서적으로 편안한 시간 보냄	70.5%
엄마인 내가 짜증을 덜 냄	72.1%
아이의 행동이 긍정적으로 변함	50.8%
규칙적인 생활 습관이 잡혀 감	72.1%
낮잠을 줄이고 밤잠의 질이 높아짐	23%
훈육하는 기본 원리를 배움	55.7%
마사지를 꾸준히 실천하게 됨	52.5%
음악으로 편안한 수면을 취함	39.3%
기타	8.2%

미라클 베드타임은 앞으로도
꾸준히 노력할 가치가 있는
중요한 습관이라고 생각하는가?

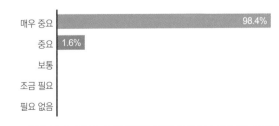

매우 중요	98.4%
중요	1.6%
보통	
조금 필요	
필요 없음	

육아에 있어서 루틴이 특히 중요한 것은, 엄마의 감정을 지켜 주기 때문이다. 엄마의 생활이 단순하고 안정적일 때, 일관성 있고 규칙적일 때, 아이들도 더불어 안정적인 생활을 이어 갈 수 있다. 매 순간 다음 행동을 아이에게 가르치지 않아도 되기 때문이다. 『나는 인생에서 중요한 것만 남기기로 했다』에서 저자 에리카 라인은 이렇게 말한다. 「가장 중요한 것에 많은 에너지를 쏟으며 덜 중요한 것은 지워 버려라. 갑작스럽게 삶의 방식을 바꾸는 일이 쉽지는 않더라도 꾸준하고 성실하게 나아가라. 이 변화는 노력해서 얻을 만한 가치가 있다. 단순한 삶은 단순하게 얻어지지 않는다.」 미라클 베드타임도 단순한 생활을 할 때만 실천이 가능한 습관이다.

단순한 루틴이 아이의 창의성을 키운다

아이의 오후 스케줄이 단순해지면 가족의 일상 역시 단순해진다. 단순한 생활을 하기로 결심했다면 아이의 오후 스케줄을 살펴야 한다. 과유불급이란 말처럼, 지나치면 부족함만 못하다. 아이의 지능 개발을 위해서 장난감을 사줬지만, 지나치게 많은 물건에 둘러싸여 오히려 물건의 소중함을 모른다거나, 더 창의적으로 놀 수 있는 기회를 놓치지 않도록 아이의 스케줄을 점검해야 한다. 이 나이에 이 정도는 배워 둬야 학교 가서 뒤쳐지지 않는다는 생각만으로 아이의 오후 스케줄을 꽉꽉 채우면 아이는 그냥 바쁘기만 한 것이 아니라 스스로 성장할 기회까지 빼앗긴다. 바쁘면 자신이 〈정말 하고 싶은 게 무엇인지〉 알아채기가 어렵다.

끊임없이 할 일이 주어지고, 하나가 끝나면 다음 것이 기다리는 꽉 찬 스케줄에 익숙한 아이는 막상 여유 시간이 생기면 그 시간을 어떻게 보내야 할지 몰라 방황한다. 정해진 일을 끊임없이 타인에게 제공받는 대신 스스로 하고 싶은 일을 찾아 나설 때 아이의 창의력이 발달한다.

사교육으로 스케줄이 꽉 차 있거나, 하루 종일 태블릿 PC를 손에 잡고 있는 아이는 심심하기는커녕 생각할 시간도 없다. 아이가 행복하고 주체적인 삶을 살길 바란다면 자신의 시간을 스스로 채울 수 있는 기회와 여유를 허락해야 한다. 단순한 생활 속에서 여백을 허락해야 한다는 뜻이다. 심심해야 생각을 한다. 심심해야 주변을 둘러본다. 한마디로 사고 칠 게 없나 둘러보고 자발적으로 재미있는 일을 찾게 된다. 만들고, 오리고, 그리고, 붙이고, 쓰고, 뒤지고, 만지고, 움직이면서 아이는 다양한 시도를 해본다. 재미있으면 또 할 것이고 재미가 없었다면 다른 시도를 한다. 창의성이란 주어진 문제를 다양한 방법을 동원해서 해결해 나가는 문제 해결 능력이다. 문제 해결력을 키우는 유일한 방법은 직접 문제를 해결해 보는 것이다. 문제를 해결해 보면 해결력은 당연히 높아진다.

어차피 중고등학생이 되면 잘하든 못하든 원하든 원치 않든 공부에 많은 시간을 할애해야 한다. 유아기부터 초등학생 시기에 다양한 시도와 실패, 탐색하는 생활을 하며 자신의 시간을 스스로 채울 줄 아는 아이는 보다 창의적이고 문제 해결력을 가진 독립적인 아이로 자란다.

물론 삶에 정답은 없다. 어떤 것이 옳고 그르다고 단정 지을 수 없지만, 생활을 단순화하고 여유를 누리며 사는 사람과 허덕이며 쫓기듯 사는 사람은 삶의 질이 다를 수밖에 없다. 단순한 삶, 루틴이 필요한 이유이다.

○   수많은 실패를 경험하게 하는 아침 루틴

아침 루틴이 생기면 어떤 긍정적인 효과가 있을까? 9세, 6세의 두 아들을 키우는 희정 씨 가정에 생긴 변화이다.

아이들이 어제오늘 둘 다 7시 전에 일어났어요! 두 아이가 일찍 자고 일찍 일어나는 날이 며칠 이어지니 참 신기하고 저도 기분 좋아요. 저 혼자만의 의지로는 할 수 없을 거라 생각하고 시도조차 못 했던 일인데 점점 실현 가능한 일이 되어 가고 있어요. 아침엔 둘 다 따뜻한 물 한 잔씩 마시고 그림책을 꺼내 보더라고요. 제가 읽어 주려다가 진지하게 그림을 보며 뭘 생각하고 있을까… 생각하며 책장 넘기는 소리 들으며 가만히 있었답니다. 잠깐이긴 했지만 참 좋더라고요.

아이를 일찍 재우기만 했는데 의미 있는 아침 루틴이 만들어졌다. 잔소리하지 않고 저절로 만들어진 루틴이다. 밤에 일찍 재우고 아침에 일찍 일어나 생긴 여유로운 시간 동안 애쓰지 않고, 억지로 방향을 맞출 필요도 없이 생활이 선순환되는 모습이다.

밤에 늦게 자면 당연히 아침에 일어날 때마다 엄마도 아이도 힘들다. 간혹 늦잠이라도 잔 날이면 아침부터 어떤 마음이 들까? 〈바쁘다, 서둘러야 한다, 급하다, 여유가 없다〉 같은 감정들이 떠오른다. 당연히 정신없는 하루가 시작된다. 부산하게 해야 할 일을 챙기느라 급급하다. 아침도 제대로 못 먹고 겨우 준비물 챙겨서 까치 머리를 하고 집을 나서는 아이를 보면 어떤 생각이 드는가? 우리 집 아래층을 지나가는 엘리베이터를 보며 〈에이, 오늘 하루 재수 없겠다〉 같은 생각, 하지 않으려고 하지만 나도 모르게 떠오른 적이 있다. 하지만 아침에 일찍 일어나는 것만으로도 부정적인 생각을 하지 않을 수 있다. 미라클 베드타임을 하면 세계적으로 성공한 사람들의 성공 비결을 우리 아이도 가질 수 있다.

한 끗 차이로 남다른 아이가 되는 연습을 하자

아침의 5분과 저녁의 5분은 다르다. 아침에는 등원, 등교 시간이 정해져 있어서 느긋할 수가 없다. 따라서 소중한 아침 시간을 어떻게 보내느냐가 큰 차이를 만든다.

아침에 일찍 일어나는 아이는 많은 것을 스스로 해볼 충분한 시간이 주어진다. 무언가를 시도해 본다는 것은 수많은 실패를 경험한다는 뜻이기도 하다. 수만 번 넘어지는 연습 끝에 걸음마를 배워 내듯, 아이는 수많은 실패를 경험하며 잘하는 것을 하나씩 늘려 간다. 자꾸 흘리더라도 밥도 혼자 먹어 보고, 혼자 끙끙거리며 옷도 입어 보고, 지퍼도 혼자 올려 보고, 오른쪽 왼쪽 신발도 스스로 신어 본다. 이런 아이는 어린이집에서 어떤 모습일까? 당연히 독립적이고 자기 주도적으로 행동한다. 잘하든 못하든, 자신의 일을 스스로 선택하고 연습하는 시간은 아이의 성장에 필수적인 요소이다. 반면 아침에 늦게 일어나는 아이는 엄마에게 빨리 하라는 말만 들으며 허둥지둥 하루를 시작한다. 아이의 손끝이 아직 야물지 못해서 빠르게 잘해 내지 못하는 걸 알면서도 엄마는 재촉만 한다. 그리고 아이가 스스로 해야 할 대부분의 일을 엄마가 대신해 준다. 아이는 실패라는 소중한 경험을 시간이 없다는 이유로 엄마에게 빼앗긴다. 이렇게 자란 아이가 초등학생이 되면 어떨까? 아이가 미덥지 못한 엄마는 책가방을 대신 들고 1년 내내 쫓아다닐 수도 있다. 엄마의 시간을 아이에게 빼앗기고 싶지 않다면 그 해결 방법은 간단하다. 일찍 재우는 것만으로도 많은 문제가 해결된다.

일찍 자고 일찍 일어나는 생활 습관은 아이가 초등학교에 입학하면 고스란히 학습 습관으로 이어진다. 아침에 일어나서 차분하게 본인의 하루를 시작한다. 아이의 등굣길은 어떨까? 하늘을 한 번이라도 올려다 볼 여유가 있으니 따뜻한 감성이 자란다.

아침 시간을 활용하는 습관이 잡히면 학년이 올라가 학습량이 늘었을 때 학습 시간을 오전과 오후, 밤으로 나눠서 쓸 수도 있다. 매일 영어책 읽기, 한글책 읽기, 수학 연산, 한자 쓰기, 영어 단어 외우기 등의 규칙적인 학습 루틴을 가졌다면 아침에 수학 연산을 미리 해두는 식으로 그날 할 일을 나눠서 할 수도 있다. 하루 평균 권장 자기 주도 학습 시간이 대략 2시간인 초등학교 고학년의 경우 아이에 따라 다르지만 보통 저녁에 2시간을 집중해서 공부하기란 쉽지 않다. 하지만 아침에 20분, 오후에 40분, 저녁 식사 후 1시간과 같이 시간을 나누면 집중도도 달라지고, 책상에 앉기까지 부담감도 덜하다. 다만, 아이가 스스로 할 때까지는 제안은 해도 강요는 하지 말아야 한다. 생활 습관이 자기 옷처럼 맞는 시기가 올 때 학습 습관이 만들어진다.

아침 10초가 24시간을 행복하게 한다

아침을 기분 좋게 시작했는데 하루 전체가 마법처럼 술술 풀린 경험이 있는가? 아침에 기분 좋게 일어난 아이를 꼭 안아 주며 축복과 사랑의 언어를 전하려면 얼마의 시간이 있어야 할까? 〈우리 ○○, 좋은 하루 시작해라. 사랑해.〉 이 말을 하며 아이를 꼭 안아 준다고 생각해 보자. 10초가 채 걸리지 않는다. 그런데 의식하지 않으면 단 10초를 행동으로까지 옮기는 것은 생각만큼 쉽지 않다.

매일 아침 아이를 만나는 순간, 아무리 급해도 하던 일을 멈추고, 아이와 눈을 마주치고 축복과 사랑의 언어와 함께 10초의 허그를 나눌 여유를 가져 보자. 아침에 단 10초, 사랑받고 있다고 느낀 아이는 짜증을 내는 횟수가 줄어든다. 사랑받고 있다는 느낌이 아이의 마음을 채워 주기 때문이다. 믿어지지 않는다면 내일 아침 바로 실천해 보길 바란다. 〈엄마, 왜 그러세요?〉라는 표정으로 갸우뚱할 수도 있고, 엄마도 멋쩍어서 선뜻 시작이 어려울 수도 있다. 그럼에도 불구하고 시도해 보자. 엄마도 하루의 첫 단추를 잘 끼운다면 기분 좋은 하루를 시작할 수 있다.

수능 만점은 단순한 루틴으로 가능하다

호주 시드니에 사는 조카가 2020년 대학 입시 IB(International Baccalaureate)에서 45점 만점을 받았다. 2020년 45점 만점자는 아시아와 오세아니아 지역에서 단 69명이 배출되었는데 특별한 사교육 없이 우수한 성과를 올린 조카가 정말 자랑스러웠다. 한국에서도 IB 시험을 보고 해외 대학에 지원하는 아이들이 많다. 압구정동, 청담동, 대치동 일대에 고액 과외, 컨설팅, 에세이 작성을 도와주는 사교육이 워낙 많다 보니, 불안해서라도 대학 입시를 앞두고 사교육을 시켜야 할 것 같은 분위기이다. 한국 상황이 이러한데 사교육 하나 없이 만점을 받았다니 궁금한 마음에 새언니에게 조카의 만점 비결을 물었다.

아주 오랜 시간 조카가 꾸준히 실천했던 루틴은 매일 아침 식사 전 성경 구절을 한글과 영어로 필사하는 것이었다. 또 다른 루틴은 매일 밤 10시 취침, 일기 쓰기, 아침 QT(Quiet Time)였다. 이렇게 때때로 비결은 우리도 다 아는 단순한 사실이라서 실망할 때가 있다.

대학 입학 시험에서 좋은 결과를 얻었다는 건 단지 삶의 한 고개를 무사히 넘어섰다는 것이다. 아무리 수능을 잘 봐도 넘어야 할 인생의 고비는 여전히 남아 있다. 하지만 그 고비를 넘을 때마다 아이의 몸에 배어 있는 올바른 생활 습관과 꾸준히 실천해 온 루틴이 아이에게 힘을 실어줄 거라 믿는다.

어린 자녀를 둔 부모 중에서 아이가 일찍 일어나면 엄마를 깨우기 때문에 일찍 재우고 싶지 않다고 말하는 부모도 있다. 아침에 아이를 일일이 챙겨줘야 하는 유아기는 생각보다 금방 지나간다. 아침에 일찍 일어난 아이는 학년이 올라갈수록 아침 시간을 다양하게 활용한다. 영어 단어 외우기, 신문 보기, 논어 필사하기 등등 각 가정에서 중요하다고 생각하는 것 하나를 꾸준히 오랜 기간 실천하면 좋다. 물론 저녁에 해도 좋다. 다만 저녁 시간에는 루틴이 하나씩 추가될 때마다 잠자리에 드는 시간이 늦어질 수 있다.

○　공부 정서를 높이는 저녁 루틴

우리 집 아이들은 매일 5시 30분 경에 저녁을 먹는다. 더 일찍 먹는 경우는 있어도 더 늦어지는 경우는 드물다. 저녁을 늦게 먹이면 그 전에 불필요한 간식을 먹으려고 하거나, 할 일을 시작하는 시간이 지체되기 때문이다. 아이들은 식탁에서 일어나면서 〈엄마 잘 먹었습니다〉라는 말을 꼭 한다. 그럼 나도 꼭 대답한다. 「엄마 강아지들 맛있게 먹어 줘서 고마워.」 매일 같은 말이지만, 매일 고마운 마음으로 말한다. 먹고 나면 그릇을 개수대에 갖다 놓고 각자 자기가 해야 하는 일 중에 중요한 일을 선택해서 한다. 어떤 과목을 공부하건, 어떤 놀이를 하건 더 중요하다고 생각하는 것을 먼저 한다. 1시간 30분 정도 집중해서 각자 자기 일을 하다가 7시 20분 즈음 퇴근한 아빠가 저녁 식사를 할 때 간단히 또 먹는다. 거실과 식탁에서 공부하고 있었기 때문에 아빠 옆에서 반찬을 집어먹거나 과일을 먹으면서 얘기를 나눈다. 퀴즈를 내거나 그날의 소소한 일상, 친구 이야기, 연예인 이야기, 뉴스, 정치, 경제, 사회 어떤 주제든 자유롭게 나눈다. 과일까지 먹고 나면 더 이상 먹을 일이 없으니 이를 닦고 잠잘 준비를 한다. 나는 그 사이 부지런히 부엌을 정리한다. 아빠는 밥을 먹으면서 아이들을 챙기고, 공부하다가 질문하는 아이가 있으면 찬찬히 가르쳐 준다. 요일에 따라, 계절에 따라, 소소한 스케줄은 달라지지만 다섯 식구는 한 공간에서 매끄럽게 자신의 시간을 보낸 뒤 잠자는 시간을 정확히 지킨다. 아이들의 수면 시간을 방해하는 루틴은 거의 찾아볼 수 없다. 아내인 내가 불가피한 일이 있다면 남편이, 남편이 바쁘다면 내가 앞서 서로 일을 나눠 가며 아이들의 수면 시간을 철저하게 지켰다.

막내가 3세일 때도, 13세가 된 지금도 루틴은 비슷하다. 취침 시간이 30분 정도 늦춰지긴 했지만 기본적으로 저녁 식사 시간과 아빠의 퇴근 시간이 동일하다. 자유롭게 놀던 시간이 자연스럽게 공부 시간으로 변한 것 외엔 거의 대동소이하다. 거실이라는 공간에서 매일 몰입하고 집중하는 환경만 만들어 주고 나머지는 아이가 스스로 선택하고 행동하게 한다. 그 덕분에 공부를 〈해야 하는 따분한 일, 엄마가 시키기 때문에 억지로 해야 하는 지겨운 일〉로 생각하지 않고 〈내가 기꺼이 해야 하는 일〉로 생각하고 책임감 있게 행동하는 아이로 자랐다. 『완전학습 바이블』을 쓴 임작가도 〈IQ, 환경, 운을 뛰어넘는 상위 1퍼센트 아이들의 학습 비밀은 《공부 정서》에 있다〉고 말한다. 임작가에 의하면 공부 정서란 공부에 관해서 물어봤을 때 아이가 즉각적으로 떠올리는 감정이라고 한다. 우리 아이는 과연 어떤 공부 정서를 가지고 있을까? 왜 공부 정서가 중요할까?

뇌는 3층 집이다. 1층은 본능의 뇌라고 부르며 호흡, 심장 박동, 체온 조절, 수면 중추 등 생명과 관련된 기능을 자율적으로 수행한다. 2층은 정서의 뇌, 감정을 조절하고 단기 기억을 장기 기억으로 바꿔 주는 역할을 한다. 3층은 이성의 뇌라고 부르는데 문제를 해결한다거나 실행력, 창의력 등을 담당하고 갈등과 행복 등 고등 감정을 조절한다. 학습을 하려면 세 개 층의 뇌가 유기적으로 교류해야 하는데 감정이 상하면 2층 정서의 뇌가 3층으로 가는 길을 가로막는다. 이성적인 판단을 하고 학습을 하려면 3층 이

인간의 3층 뇌 구조

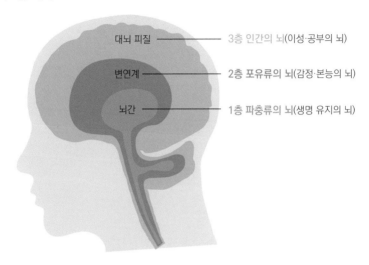

대뇌 피질 — 3층 인간의 뇌(이성·공부의 뇌)

변연계 — 2층 포유류의 뇌(감정·본능의 뇌)

뇌간 — 1층 파충류의 뇌(생명 유지의 뇌)

성의 뇌를 활용해야 하는데 2층에서 길이 막히는 것이다. 한마디로 아이의 감정이 안 좋은 상태에서 공부하면 책상 앞에 앉아 있을 수는 있지만 공부가 제대로 될 수 없다는 것이다. 그러니 학습이 제대로 이뤄지길 바랄수록, 부모는 아이의 정서에 신경을 써야 한다.[*]

감정 루틴을 만들어 보자

행동을 단순화하면 감정이 롤러코스터를 타지 않는다. 단순한 행동을 넉

---

[*] 김영훈, 『머리가 좋아지는 창의력 오감육아』(서울: 이다미디어, 2015), 13~15쪽.

넉한 시간 안에 해결하도록 상황을 만들면 감정 조절도 쉬워진다. 등산을 할 때 평소 2시간 정도 걸리던 곳을 1시간 안에 다녀오라고 하면 어떤 마음이 들까? 서둘러 가야 하기 때문에 주변을 둘러볼 여유도 없고 숨이 차도록 힘들게 다녀와야 한다. 다녀왔던 시간이 버거웠기 때문에 다음에 등산을 하려고 하면 다시 하고 싶지 않다는 마음이 든다. 반면, 우리에게 넉넉한 시간을 주며 정상에 다녀오라고 하면 어떨까? 가는 길에 꽃도 보고 바람도 느낄 수 있다. 힘들면 앉아서 쉴 수도 있다. 다음에 또 산에 다녀오라면 어떤 마음이 들까? 기꺼이 즐거운 마음으로 같은 일을 반복할 수 있다. 넉넉한 시간이 핵심이다.

미라클 베드타임을 실천하다 보면 자연스럽게 저녁 루틴이 만들어지고, 단순한 스케줄이 만들어진다. 꼭 해야 하는 일만 하고 각각의 일에 넉넉한 시간을 배치한다. 버겁던 삶이 조금은 여유로워진다. 예전에는 아이들 사교육부터 엄마가 포기하지 못했던 일들이 많았다. 코로나19로 어쩔 수 없이 학원을 줄이고, 사교 모임을 줄였더니 오히려 단순한 생활을 하면서 아이를 일찍 재울 수 있었다고 말하는 부모가 늘어났다. 잠시라도 멈추면 우리 아이만 뒤쳐질까 봐 조바심이 났는데, 오히려 단순한 가족 루틴 덕분에 차분한 생활을 하면서 생산성이 높아졌다는 것이다.

〈화〉와 〈엄마의 말 습관〉은 엄마들의 큰 고민이자 관심사이다. 이를 잘 다루려면 행동 루틴 못지않게 감정 루틴을 만드는 것이 중요하다. 나는 이제는 습관이 돼서 손잡이만 잡아도 〈감사하다〉라는 말이 튀어나온다. 애쓰지 않아도 실천 가능한 습관이 되었다. 물론 처음엔 의도적으로 시작했다.

느낌도 없었고 정말 감사하는 마음이 있었던 것 같지도 않았지만, 반복을 거듭할수록 앵무새처럼 하던 말에 마음이 담기기 시작했다. 감사가 늘어나니 감사할 일이 더 많아졌다.

　나쁜 습관을 버리려고 하기보다, 좋은 습관을 강화하고 의식하지 않아도 행동할 수 있도록 오랜 시간 꾸준히 노력했는데, 이 모든 것의 시작은 나의 마음, 나의 감정 루틴에서 시작되었다. 화내는 습관을 버리려고 애쓰면 풍선의 한 귀퉁이를 눌렀을 때 다른 곳이 불룩 튀어나오고 더 누르면 결국 터지듯, 감정도 폭발한다. 무조건 참는 것만이 능사는 아니다. 『감정은 습관이다』라는 책에서 정신과 의사 박용철은 이렇게 말한다. 「뇌는 유쾌하고 행복한 감정이라고 해서 더 좋아하지 않는다. 유쾌한 감정이건 불쾌한 감정이건 뇌는 익숙한 감정을 선호한다. 불안하고 불쾌한 감정일지라도 그것이 익숙하다면, 뇌는 그것을 느낄 때 안심한다.」 어떤 감정을 습관으로 만들고 싶은가? 우리 뇌에 유쾌한 감정이 익숙해지도록 해주고 싶을 것이다. 나는 엄마들의 커뮤니티 〈미라클 미타임〉에서 〈되다 노트〉를 함께 사용한다. 〈되다 노트〉에는 일정도 기록하지만, 무엇보다 매일의 감정, 감사 일기, 세 줄 일기를 기록하며 감정 루틴을 만들어 간다. 감정 루틴을 만들고 싶다면 일기를 써보자. 기록은 생각을 정리하고 실행력을 높이며 감정을 정리해 준다. 미니멀하게, 작게 시작해 보고 싶다면 〈되다 노트〉를 추천한다.

되다 노트

과거, 현재, 미래를 한
장에 기록하며 감정 루
틴을 만든다.

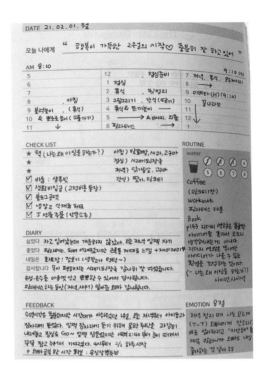

아이의 감정을 존중하는 방법이 있다

유아기~초등 저학년

아이도 부모에게 꾸지람을 들으면 당연히 기분이 좋지 않다. 아이에게
바로 그 자리에서 잘못했다고 사과를 하라고 요구하거나, 바로 감정을 전
환하라고 요구하는 부모가 많다. 〈잘했어? 잘못했어!〉〈빨리 엄마한테 잘
못했습니다, 사과해.〉 물리적인 폭력은 물론이고, 언어도 폭력이 될 수 있
다는 것을 늘 기억하고 조심해야 한다. 아이에게 시간을 주자. 아이도 흥

분을 가라앉히고 마음을 정리할 시간적 여유가 필요하다. 〈기분이 정리되면 엄마에게 다시 말해 줘〉라고 부드럽게 말해 두면 아이의 마음이 한결 편안해진다. 아이도 스스로 반성의 시간을 가지고 마음의 정리가 되면 밝은 표정을 하고 다시 엄마에게 다가올 것이다. 아이도 자존심이란 것이 있다는 것을 기억하자.

예비 사춘기

초등학교 4학년 지민이 엄마는 아이가 예전과 달리 감정 기복도 심하고 아침마다 기분이 좋지 않아서 본인도 감정적으로 아이를 대하게 된다고 한다. 본격적인 사춘기는 아니지만 감정 조절이 어려운 예비 사춘기라고 엄마가 이해해 주면 어떨까? 아이의 감정이 안 좋은 것은 엄마 탓도, 아이 탓도 아니다. 전두엽은 25살까지, 두뇌에서도 가장 늦게까지 발달하는데 그로 인해 어쩔 수 없이 〈아이도 감정 조절이 어렵다〉고 생각하면 마음이 편해진다. 아이가 버릇없는 표정과 말을 일삼을 때 부모는 지금 버릇을 고쳐 주지 않으면 안 될 것 같다는 생각에 아이에게 더 큰 소리를 지르고 기선을 제압하려고 한다. 그럴 때마다 〈전두엽이 공사하는 중이다〉라는 주문을 외워 보자. 그럼 두 마디 할 것을 한 마디로 줄일 수 있다. 사춘기라는 시기가 지나면 아이는 원래의 내 아이로 돌아온다. 그러니 가르친다는 명목하에 너무 힘주지 않아도 된다.

아이가 엄마를 볼 때마다 방긋 웃어 줘야 하는 그런 시기는 이제 지났다. 아이의 기분이 좋지 않으면 그대로 인정하고 수용해야 한다. 엄마가 해야 할 일은, 아무것도 바라지 않고 아이의 존재, 아이의 감정을 인정하려는 노력이다. 물론 어렵지만 이 또한 루틴으로 만들면 일상에서 비슷한 상황이 생길 때 자동적으로 알아차릴 수 있다.

엄마의 감정 루틴

| 아이의 감정이 좋지 않음(지각) | 누구의 탓도 아님(인정) | 편안하고 적당한 거리 유지 |

엄마가 된 우리도 친정 엄마에게서 연락이 왔을 때 반드시 기분이 좋고 웃어야 하는 게 아니듯 아이도 서서히 엄마로부터 독립이 시작되었다고 인정하면 마음이 한결 가볍다.

○ 우리 집 루틴 만들기

흔들리지 않는 루틴을 위해서는 확실한 기준이 필요한데 이는 취침 시간과 식사 시간이다. 아이는 본인이 정한 약속은 훨씬 더 책임감 있게 실천하려고 하기 때문에, 온 가족이 루틴이 있는 규칙적인 생활을 원할수록 부모가 일방적으로 결정하거나 통보하지 않고 함께 의논해서 결정해야 한다. 식사가 늦어지면 취침 시간도 덩달아 늦어진다. 잠자리에 드는 시간을 정해 두지 않으면 취침 시간도 한없이 늦어진다. 가족회의로 식사 시간과 취침 시간이 결정되면 거기에 맞춰 다른 시간들은 자유롭게 활용하며 우리 가족만의 루틴, 우리 가족만의 문화를 만들면 된다.

가족회의는 거창하고 부담스러운 것이 아니라 편안한 대화처럼 가볍게 시작해야 꾸준히 지속할 수 있다. 특정 요일과 시간을 정하고 규칙적으로 하는 것도 좋지만, 일상의 대화 속에서 이루어지는 회의 같지 않은 편안한 회의도 좋다. 가정에서 부모와 소통을 즐겨하던 아이는 세상에 나가서도 두려움 없이 타인과 소통하며 사회생활을 할 수 있다.

잠자는 시간을 함께 정하자

아이가 충분한 수면을 취하고 있나? 아이의 적정 수면 시간을 확인하는 방법은 깨우지 않아도 자연스럽게 일어나는 시간을 우선 파악하는 것이다. 아침 일정이 없는 주말에 확인하면 된다. 꼭 일어나야 하는 기상 시간을 기준으로 잠자리에 드는 시간을 정하는 것도 좋은 방법이다. 아이가 10시간은 자야 하고 아침에는 늦어도 7시에 일어나야 한다면, 아침 기상 시간을 기준으로 10시간을 거슬러 올라가서 잠자리에 드는 시간을 계산한다. 늦어도 9시경에는 잠자리에 들어야 한다는 결론이 나온다.

학령기의 아이라면 취침 시간까지 할 일을 부지런히 집중해서 마무리하는 습관까지 기를 수 있다. 취침 시간에 제한 시간을 두지 않으면 짧은 시간 안에 할 수 있는 일도 한없이 오래 걸리는 경우가 많다. 지금은 경우에 따라 잠자는 시간을 뒤로 미뤄 주어도 큰 차이가 없지만, 고등학교에 가면 학습량이 어마어마하게 늘어난다. 어릴 때부터 약속된 시간 안에 집중해서 공부하는 습관을 기르면 훗날 고등학생이 되었을 때 효과가 나타난다.

시간을 아직 모르는 아이에게는 시계를 앞에 두고 몇 시에 자면 좋을지, 부모와 대화하는 것 자체가 의미가 있다. 시간의 개념이 아직 없지만 어렴풋이 〈길고, 짧은 것〉, 〈급하고 여유 있는 것〉의 의미를 알아 간다. 시계를 가리키며 엄마가 자러 가자고 하면 자야 하는 시간이라는 것을 아이가 느낌으로 이해할 수 있다. 〈구글 타이머〉를 이용해서 시간이 없어지는 것을 눈금으로 보여 주는 것도 효과적이다.

이때 소소한 일들을 엄마가 혼자 결정하고 아이에게 통보하기보다는 가족 회의에서 아이에게 질문하고 그 의견을 반영해서 실천하는 습관도 함께 길러 가도록 하자.

저녁 식사 시간을 미리 정하자

저녁 식사는 엄마의 책임이 더 필요하다. 아이가 잠자는 시간을 밤 10시로 정했다면 저녁을 최소 3~4시간 전에 먹을 수 있도록 한다. 그래야 완전히 소화가 된 후에 편안하게 잠들 수 있기 때문이다. 저녁 식사 시간을 정했다면 가족 모두에게 공표하고 엄마가 이 시간에는 꼭 식사를 주겠다고 선언하는 것도 좋다. 아이를 돌봐 주는 분이 계시다면 다른 건 몰라도 아이 식사만은 특정 시간에 먹여 달라고 부탁한다. 저녁 식사가 늦어지면 그날 저녁의 모든 루틴이 늦어지기 때문에 아이의 학원 일정에 따라 요일별 식사 시간이 달라지더라도 기본적인 시간은 정해 두는 것이 좋다.

루틴을 냉장고에 붙여 두자

6시~ 저녁 식사

6시 40분~ 자유 시간 (공부)

7시 50분~ 모두 제자리 정리, 타임머신 놀이

8시~ 방에 들어가서 수면 루틴, 독서

9시~ 꿈나라

대략적인 루틴을 정하고 잘 보이는 곳에 붙여 둔다. 눈에 보여야 자주 보고 매일 실천한다. 하루 이틀 실천했는데 미세한 변화가 느껴지면 그때부터는 가속도가 붙는다. 어떠한 습관이든 변화가 느껴질 때까지 꾸준히 실천하면 재미가 생기고, 그 재미 덕분에 좋은 습관을 오래 유지하게 된다.

○ 루틴을 만들기 좋은 공간, 거실 생활의 마법

거실에서 생활할수록 부모를 마주하는 시간이 늘어난다. 공간의 심리학 저자 바바라 페어팔에 의하면 〈공간이 사람을 움직이고 마음을 지배한다〉고 한다. 선진국 문화를 가진 나라의 집 구조를 살펴보면 대체적으로 가족이 함께하는 거실과 부엌 공간이 강조되고 침실은 상대적으로 매우 협소하다. 침실은 잠만 자는 공간이기 때문이다. 공간이 정말 사람의 마음을 움직이고 마음을 지배할까? 각자 자기 방에 들어가서 나오지도 않고 같은 집에 있으면서도 할 말을 메신저로 하는 가정도 있다고 하니 공간이 사람의 마음을 움직이고 지배하는 게 맞다는 생각이 든다.

SBS스페셜 「내 아이 어디서 키울까?: 공간의 힘」 편에서 4명의 자녀를 모두 도쿄 대학교에 입학시킨 사토 부부를 인터뷰했는데 그 내용이 인상적이다. 〈아이들은 거실에서 공부하지 않았다면 그렇게 열심히 하지 않았을 겁니다. 가족이 소통하며 아이들은 거실에서 즐겁게 공부했습니다〉라고 말한다. 실제 도쿄 대학생의 74퍼센트가 초등학생 때 거실에서 공부했고, 일부는 중고등학교 때도 거실에서 공부했다는 조사 결과가 있다. 또한 거실에서 공부하던 아이가 방에 들어가서 공부한 뒤로 60~70퍼센트의 확률로 성적이 떨어졌다고 한다.[*] 전문가들에 따르면 아이들은 가족과 소통하면서 학습을 하는데 그런 환경을 지원할 수 있는 공간이 거실이라고 한다. 조용한 집 놔두고 카페에서 일하는 어른들을 보면 우리 집 아이들이 거실에서 함께 공부하는 것을 선호하는 이유를 알 것 같다.

나도 주중에는 아이들과 함께하는 시간이 절대적으로 부족하기 때문에 부모와 더 많은 시간을 함께하고 싶은 아이의 욕구를 해결하기 위해 거실이나 식탁에서 공부하게 했다. 가족이 소통하는 시간을 최대한 늘리려고 했던 것이다.

이때 중요한 것은 거실에 TV나 아이의 공부를 방해할 만한 요소가 없어야 한다. 요즘에는 거실에 TV를 두지 않는 가정이 늘고 있다. 우리 집도 TV

---

[*] 오가와 다이스케, 이경민, 『거실 공부의 마법』(서울: 키스톤, 2018), 28쪽.

없이 지낸 지 10년이 넘었지만 전혀 불편함을 느끼지 않는다. 그만큼 TV를 대체할 스마트폰이 우리 생활에 깊숙이 오기도 했지만, 무엇보다 가족이 함께 얼굴 보며 많은 것을 함께했기 때문에 TV를 찾을 이유가 없었다.

가족의 골든 타임이 쌓인다

저녁을 먹고, 수면 루틴을 하기 전 대략 1시간 이상의 여유가 생긴다. 저녁을 일찍 먹으면 2시간도 확보할 수 있다. 그렇게 확보된 시간은 아이 학년이 올라갈수록 자연스럽게 공부 시간이 되었기에 저녁을 점점 더 일찍 먹이며 엄마다운 꼼수를 부렸는지도 모른다. 아무도 공부하라고 시키지 않지만 공부든 놀이든 하고 싶은 것을 골라서 하는 시간이다. 공부하는 아이, 자유롭게 노는 아이, 악기 연습을 하는 아이, 책을 보는 아이, 반신욕을 하는 아이, 아빠와 이를 닦는 아이 등 다양하다. 각자 자유롭게 서로 돕고 질문하며 서로가 서로에게 배운다. 돌이켜 보면 거실과 식탁은 추억의 공간이다. 아이들은 유치원에서 처음 배운 것을 뽐내고 싶어서 자기를 쳐다보라고 요구했고, 새로 배운 넌센스 퀴즈를 맞춰 보라며 앞니 빠진 이를 드러내며 까르르 웃었고, 오후 내내 연습했던 카드 마술을 해보겠다며 야심차게 시작했다가 실수를 연발해 더 많은 연습을 하고 오라는 핀잔을 듣기도 했다. 부모에게 수요와 공급의 법칙을 들으며 자연스럽게 주식과 경제 원리를 알아 갔고, 세계 역사를 재미있는 옛날이야기처럼 들었고, 엄마 아빠의 연애담을 들으며 살아 있는 인생 교육을 받았다. 이 공간에서 아이들은 세상의 모든 것을 배웠다.

놀이가 공부가 된다

매일 저녁 거실에서 부모와 함께 놀던 시간은 학년이 올라갈수록 자연스럽게 공부하는 시간이 되었다. 공부를 억지로 하면 아이는 〈지금까지 공부를 했으니 이제 놀아야 한다〉고 말한다. 그런데 공부를 놀이처럼 했으니 아무도 이제 놀아야 한다고 토를 달지 않았다. 저녁 8시 즈음이 되면 순서대로 이를 닦고 잠옷으로 갈아입고 방에 들어가서 수면 루틴을 준비했다.

앞으로 아이들은 살아가면서 평균 7회 이상의 직업을 바꾸고, 지금 있는 직업의 60퍼센트 이상이 아예 사라질 거라고 한다. 결국 급변하는 세상에 빠르게 적응하고 새로운 직무를 배워 내는 순발력이 필요하고, 따라서 평생 공부하는 자세로 살지 않으면 도태될 수밖에 없다. 길고 긴 인생 속에서 살아남으려면 억지로 대학 입시만을 목표로 공부할 게 아니라 평생 배움을 즐겨야 하는데, 거실에서 공부하는 환경은 아이가 공부를 즐거운 놀이처럼 접하게 해준다. 아이들은 자유롭게 질문했고, 나는 부엌에서 식사 준비를 하다가도 아이의 질문에 또 다른 질문을 던지며 공부를 챙겨 줄 수 있었다. 매일 타인이 정해 준 분량을 억지로 하기보다는 자발적으로 하고 싶은 것을 선택하게 했다. 덕분에 〈오늘은 무슨 놀이를 할까?〉 생각하던 아이는 〈오늘은 무슨 공부를 할까?〉 하며 놀이처럼 공부를 선택했고 더 중요한 일을 가려내는 우선순위를 생각하는 능력이 생겼다.

아이와 함께하는 시간에 특정 지식을 가르치려고 하기보다 배움 자체의 즐거움을 알게 해주려고 마음먹으면 조금 느려도, 바로 이해하지 못해도 아이를 바라보는 시선이 따뜻해진다. 거실에서 온 가족이 함께하는 시간은

〈지식〉을 〈가르치는〉 시간이 아니라 세상을 호기심 어린 눈으로 바라보며 살아가는 〈태도〉를 길러 주는 시간이다.

설명 놀이로 메타 인지를 높인다

내가 무엇을 알고, 무엇을 모르는지 확인하기 가장 좋은 방법은 배운 것을 타인에게 설명해 보는 것이다. 완전히 이해해서 자신의 언어로 설명하지 못하면 제대로 이해한 것이 아니란 뜻이기도 한데, 아이들은 거실에서 자신이 새롭게 접한 지식을 가족에게 설명하며 자연스럽게 메타 인지를 높였다. 설명하다가 모르면 다시 보고, 다시 설명하면서 더 분명히 알아 가는 시간을 보냈다. 거실은 이토록 아이의 지적 호기심을 넓혀 준 공간이기도 하다. 아이는 자신이 새롭게 알게 된 지식을 설명하면서 억지로 공부를 한다고 생각하기보다, 새로운 지식을 내 것으로 받아들이는 그 자체를 즐거운 일상으로 받아들였다. 분량이 정해진 공부를 한 게 아니다. 부모는 시간과 환경만 만들어 주고, 아이는 낮에 배운 것을 설명하며 단기 기억에서 장기 기억으로 학습 내용을 이동시켰고 더 궁금한 것이 있으면 책이나 검색을 통해서 인지 능력의 범위를 본인의 호기심 안에서 넓혀 갔다.

배려와 자제력을 배운다

한 연구에 따르면 소소한 집안일을 일상적으로 담당하면서 자란 아이일수록 자율적이고 자기 능력을 잘 실현하는 성인이 될 확률이 높다고 한다. 3세 때부터 집안일을 도왔던 아이들은 어른이 되어서도 자기 관리가 뛰어

나고, 책임감과 자율성이 발달한 것으로 나타났다.[*]

거실에서 가족과 함께하는 시간을 많이 경험할수록 아이는 자연스럽게 타인을 배려하고 자신을 조절하는 자제력을 배운다. 또한 부모와 아이 모두 서로의 생활을 한눈에 볼 수 있다. 각자 자기 방에서 공부를 했다면 사춘기가 되었을 때 문을 닫고 방에 들어가서 안 나왔을지도 모른다. 우리 집 아이들은 지금 사춘기 절정의 시간을 보내지만 아직도 거실에서 함께 공부한다. 방에도 공부할 수 있는 책상이 있지만 자발적 선택에 의해 대부분 거실에서 한다.

공부를 하다가도 엄마가 무거운 물건을 들고 오면 벌떡 일어나서 일손을 거든다. 〈너는 공부만 잘하면 된다〉가 아니라 공부는 당연히 네가 할 일이고, 엄마가 힘든 일을 하고 있으면 도와야 한다는 것을 자연스럽게 가르칠 수 있다. 각자 공부한다고 방에 들어가 있었다면 공부를 방해한다는 생각에 불러 내기 번거로워서라도 시키지 않겠지만 같은 공간에 있으니 도움이 필요하면 얼마든지 부탁이 가능하고, 아이도 〈제가 도와드릴까요?〉라며 먼저 다가올 수 있다.

거실이 주 생활 공간이 되면 특히 아이의 사회성이 발달한다. 가정은 아이가 경험하는 첫 번째 사회이다. 아이는 가정에서 더불어 살아가는 세상을 배운다. 흥이 많은 우리 집 막내는 시도 때도 없이 노래를 흥얼거린다. 언니가 〈지금 중요한 거 외우는 중인데, 좀 조용히 해줄래?〉라는 부탁을 하

---

[*] Wallace, J. B., 'Why Children Needs Chores', *The Wall Street Journal*, 2015.

면 잠잠했다가도 자기도 모르는 사이 또 시끄럽게 하다가 형제끼리 언성을 높이기도 한다. 타인이 나에게 불편함을 주는 경험을 통해 타인을 배려할 줄 알고, 내가 하고 싶은 행동만 할 수 없으니 절제하는 법도 알아간다. 그렇게 아이는 가정에서, 타인과 더불어 살아가는 방법을 배운다.

자발성을 높인다

거실에서 공부하면 가족만의 루틴을 만들기도 수월하다. 특히 초등학교 저학년, 공부 습관을 잡아 주어야 할 시기에는 가족이 다 같이 모여 생활하는 거실이 중요한 역할을 한다. 아이에게 지금부터 방에 들어가서 공부하라고 하면 뭘 할지 몰라서 아이가 멀뚱멀뚱 시간만 보내는 경우도 많다. 물건 찾느라 시간 보내고, 온라인 숙제한다고 스마트폰을 받아 가서는 다른 사이트로 빠지기도 한다. 엄마는 안심이 안 되고, 아이의 행동이 마음에 들지도 않는다. 엄마가 옆에서 재촉하지 않으면 시작조차 안 한다.

「빨리 시작 안하고 뭐 하니?」

「책상 정리만 하루 종일 걸리는구나!」

공부를 시작하기도 전에 엄마 언성부터 올라가니 아이는 공부 생각만 하면 기분이 나빠진다. 답답한 엄마는 어쩔 수 없이 아이 옆에 앉아 참견해 보지만 엄마는 엄마대로 할 일이 있으니 여유로운 마음으로 아이의 공부를 봐주기 어렵다.

거실과 식탁에서 공부하는 환경을 만들면 엄마도 엄마 일을 하다가 아이를 편안하게 챙겨 줄 수 있다. 아이만 바라보고 있었던 게 아니기 때문에 감시와 채근하는 분위기가 아닌 차분하고 안정된 분위기 속에서 각자의 일을 열심히 하는 바람직한 풍경이 연출된다. 〈너와 내가 같은 공간에서 서로의 일을 하자. 혹시 모르면 엄마한테 언제든 질문하렴, 도와줄게〉와 같은 분위기이다. 아이를 감시하지 않고도 할 일에 몰입하게 만드는, 자발성을 키워주는 최적의 환경이다.

Miracle
Bedtime

부록

수면 습관 Q&A

Q 잠들기까지 1시간 이상 걸리는데 낮잠을 꼭 재워야 할까?

실제로 24~36개월 자녀를 둔 경우, 아이가 잠만 잘 자면 걱정이 없겠다
고 말할 만큼 아이의 수면은 엄마 삶에 큰 영향을 끼친다. 영아기에 수면 습
관을 잘 유지하다가도 24개월 전후로 수면 습관이 오히려 나빠지는 경우
가 많은데, 낮잠이 줄어드는 시기라서 그렇다. 차를 타야지만 잠드는 아이
부터, 낮에는 안 자려고 버티다가 늦은 오후 어중간한 시간에 잠이 드는 아
이, 매일 밤 12시 넘어서 자고 아침에 일어나지 못해 엄마가 업은 채로 어
린이집에 등원시키는 경우까지 다양하다. 아이의 낮잠과 밤잠이 점점 늦어
지고, 아침 기상 시간도 늦어지면 엄마만의 시간이 줄어들어 육체적으로
피곤한 생활이 이어진다. 감정 조절이 어렵고 육아가 더 힘들다.

아이의 낮잠과 아침잠을 조절하고 SMART 수면 루틴을 실천하면 짧게
는 3주, 길게는 2달 안에 저녁 9시~아침 7시, 저녁 10시~아침 8시 수면 패
턴으로 개선할 수 있다. 비결은 정해진 시간에 식사와 수면 루틴을 실천하
는 것이다. 그러면 육아가 덜 힘들고 엄마의 편안한 마음이 아이에게 전달
되어 잠도 잘 잔다.

체력적으로 낮잠이 필요한 시기에는 낮잠을 없앨 수는 없다. 밤에 잠들

기까지 시간이 너무 오래 걸려서 낮잠에 변화를 주고 싶다면 낮잠을 자지 않아도 오후 활동에 지장이 없는지 먼저 확인해 보자. 어린이집에 다니는 아이라면 주말을 이용해서 확인할 수 있다.

낮잠 없이도 오후에 활동성이 충분한지 확인하기

밤에 수면 루틴을 모두 했는데도 잠들기까지 1시간 이상 걸리면 엄마는 스트레스를 받는다. 특히 어린이집에서 낮잠을 잤던 아이는 선생님의 도움도 필요하기 때문에 섣불리 변화를 시도하기보다는 2주에 걸쳐 주말 48시간 동안 낮잠 스케줄을 조정하며 아이의 컨디션을 살펴볼 필요가 있다. 집에서 먼저 낮잠을 조절해 보고, 수면 리듬에 확신이 생겼을 때 어린이집 선생님께 건의해 볼 수 있기 때문이다. 이른 낮에는 아무리 재우려고 해도 자지 않다가 오후 4~5시 이후에 낮잠을 자는 생활이 이틀 연속 이어진다면 아직 낮잠을 없애는 건 무리라고 판단해야 한다.

낮잠이 필요한 경우

아이의 낮잠 시간이 너무 늦은 오후가 되지 않도록, 너무 오랜 시간 밤잠처럼 자지 않도록 해야 한다. 대부분의 부모는 아이가 자고 있으면 낮이든 밤이든 숙면을 위한 조건을 맞춰 준다. 낮잠은 밤잠을 더 잘 자기 위해서, 몸의 리듬을 유지하기 위해서 하루의 에너지 레벨을 충전시키는 정도로만 활용해야 한다. 그래야 아이의 신체 리듬이 안정적으로 유지된다.

낮잠 없이 오후 내내 놀다가 늦은 오후에 불규칙적인 시간에 잠드는 생활을 피해야 한다. 늦은 오후에 낮잠을 자면 밤 12시가 되어도 잠에 들기 어렵다. 이를 방지하기 위해서는 낮잠을 자든 자지 않든, 정해진 시간에 정적인 휴식 시간을 가지려는 꾸준한 노력이 필요하다. 아이가 졸려 하면 그제서야 낮잠을 자러 가는 게 아니라 점심을 먹고 나서 정해진 시간에 낮잠을 잘 수 있는 분위기를 만들어야 한다.

막상 아이가 자지 않을 수도 있다. 그래도 한결같은 시간에 정적인 분위기를 만들어 보자. 예를 들면 주말 낮 1시부터 1시간 동안은 엄마 아빠도 이부자리에서 뒹굴면서 쉬는 시간을 가지는 것이다. 이 시간을 놓치지 않으려면 주말 아침을 가볍게 먹더라도 점심을 너무 늦은 오후에 먹지 않도록 신경 써야 한다. 오후에 1시간 내외로 낮잠을 자거나 정적인 시간을 보내면 오후에도 에너지 넘치게 활동하고 밤잠 패턴도 크게 놓치지 않는다. 낮잠 과도기에 이 방법을 적용하면 아이는 오후 시간 짜증도 줄고, 집중력 높은 생활을 할 수 있다.

낮잠이 필요하지 않은 경우

주말 48시간의 노력 끝에 낮잠이 필요하지 않다고 판단되면 어린이집 선생님께 양해를 구해 볼 필요가 있다. 원에도 규칙이 있기 때문에 우리 아이 하나만 다른 행동을 하면 전체 아이들 리듬에 방해가 될 수 있다. 주말을 통해서 내 아이의 수면 리듬을 온전히 이해했다면, 아이가 함께 생활하는 곳의 입장도 잘 고려하여 선생님과 소통해야 한다. 밤마다 잠들기까지 너무 오랜 시간이 걸려서 늦게 자고 늦게 일어나는 악순환이 반복되고 있어서 수면 교육을 하는 중이니 낮에 너무 푹 자게 내버려 두지 말아 달라고 부탁하는 것도 의미가 있다.

안 자는 게 아니라, 못 자는 것을 이해하기

엄마는 아이가 잠이 들어야 비로소 육아에서 퇴근한다. 해야 할 일도, 하고 싶은 일도 많은 엄마로서는 아이가 잠들지 못한 채 매일 1시간 이상을 이부자리에서 지체하면 화가 나기도 하고, 그 시간이 아깝다는 생각도 든다. 하지만 아이가 늦은 오후에 낮잠을 자면 밤에 일찍 자고 싶어도 잠이 오지 않는다. 원인을 파악하면 엄마의 날선 감정이 아이를 향하지만 않고 육아도 한결 편안해진다.

36~60개월 아이의 경우 불규칙적인 낮잠만 조심하자

낮잠 여부는 아이에 따라 차이가 난다. 보통 36개월에서 60개월 때는 규칙적으로 낮잠을 자는 아이도 있지만 차를 타야 하거나 특별한 경우에만 낮잠을 자기도 한다. 미국 수면의학회 자료에 따르면 24~36개월 아이는 하루 1~2시간 미만, 36개월 이후부터는 낮잠을 잘 수도, 자지 않을 수도 있다.

연령별 낮잠 시간

나이	낮잠 횟수	낮잠 시간	밤잠 시간	총 수면 시간
신생아	3~5회	45분~3시간	8~9시간	16~18시간
2~4개월	3~4회	45분~3시간	9~10시간	14~16시간
4~6개월	2~4회	15분~2.5시간	10시간	14~15시간
6~9개월	2~3회	45분~2시간	10~11시간	14시간
9~12개월	2회	45분~2시간	10~12시간	14시간
12~18개월	1~2회	1.5~2.5시간	11~12시간	13~14시간
18~24개월	1회	1.5~2.5시간	11시간	13~14시간
2~3세	1회	1~2시간	10~11시간	12~14시간
3~5세	0~1회	1~1.5시간	10~11시간	11~13시간
5~12세	0	0	10~11시간	10~11시간

아이의 늦은 수면으로 힘든 시간을 보내고 있다면 밤잠을 조절하기 위해서 주말 늦은 오후 차를 타는 일도 신중해야 한다. 나는 이런 일도 해 보았다. 당일치기 국내 여행의 경우, 아침부터 아이가 차 안에서 잠드는 경우는 거의 없기에 아침 일찍 출발한다. 목적지에 도착해서 즐겁게 돌아다니며 여행의 목적을 달성한다. 오후쯤 집으로 돌아갈 때가 되면 고속도로가 꽉 막힌다. 그러면 운전하는 아빠도 힘들고 차 안에서 잠이 든 아이들이 집에

도착해서 쉽사리 잠이 들지 못하기 때문에 나름의 묘책을 찾았다. 그 지역에서 가장 유명한 온천이나 찜질방을 여행의 마지막 코스로 잡는 것이다. 그러면 아빠도 잠깐 눈을 붙일 수 있어서 좋다. 아이들도 자유롭게 놀게 해주었다. 마지막엔 이까지 다 닦고 바로 자도 되는 잠옷이나 편한 옷으로 갈아입고 8시 30분쯤 여행지에서 출발한다. 그럼 아이들은 9시 전후로 잠이 들고, 아빠도 길이 덜 막혀서 집까지 편하게 운전한다. 이 방법이 별것 아닌 것 같아도 막상 실천해 보면 생각보다 꽉 찬 하루를 보낼 수 있다. 아이들은 그날 방문했던 박물관이나 유적지보다 찜질방 루틴을 더 좋아했다. 차 뒤에서 제각각 다른 모습으로 잠든 아이들을 보며 흐뭇하게 미소 지었던 때가 엊그제 같은데 이젠 공부하느라 당일치기 여행조차 어려운 시기를 보내고 있다. 돌아오는 차 안에서 남편과 평소에 하지 못했던 이야기도 조용히 나누며 여행을 마무리하곤 했는데 우리 부부에게 참 의미있는 시간이었다.

친구네 가족과 모임이 있는 날도, 할아버지 댁에 다녀오는 날도 거의 같은 방법을 썼다. 가방에 아이들 칫솔과 갈아 입을 옷을 다 챙겨 가고 거기서 이를 닦고 씻기고 옷을 갈아 입혀서 차를 타면 아이들도 편안하게 잠이 든다. 물론 상황에 따라서 어느 정도 민폐가 되지 않을 정도의 행동만 했다. 아이들 나이에 따라서 안고 집에 와서 침대에 바로 눕히기도 하고, 비몽사몽이지만 걸어서 집에 들어온 뒤, 바로 잠잘 수 있게 했다. 수면 시간과 식사 시간만 정해져도 아이 키우기가 수월해진다. 비결은 그 시간을 한결같이 지키면서 아이가 바로 행동으로 옮기게 하는 환경을 만들어 가는 부모의 습관에 있다.

Q   낮잠도 안 자는데 너무 늦게 잔다면?

낮잠을 자지 않는데도 밤에 잠들기까지 1시간 이상 걸린다면, 다음과 같은 몇 가지를 확인해 보고 단계적으로 아이의 수면 습관을 잡아 주도록 해 보자.

- 아이 나이에 맞는 충분한 수면을 취하고 있나? (30쪽 연령별 권장 수면량 참고.)
- 늦은 오후에 카페인이 들어간 음식을 섭취했나? (간식으로 섭취한 가공식품 위주로 확인해 본다. 의외로 초콜릿에 카페인이 많이 함유되어 있다.)
- 에너지를 발산할 충분한 활동을 했나?
- 하루 30분 정도 햇볕을 받았나?
- 아침 기상 시간이 너무 늦은 것은 아닐까?

아이의 기상 시간을 확인해 보자. 총 수면 시간은 권장 수면 시간 범위 안에 있지만, 수면 시간이 전체적으로 뒤로 밀려 있는 경우가 대부분이다. 아이를 일찍 재워야겠다는 판단이 섰다면, 아이의 수면 패턴을 개선하기 위해 해야 할 첫 번째 과제는 당일 저녁에 시작하는 것이 아니라 아침 기상을 챙기는 것이다.

밤에 조금이라도 일찍 재우고 싶다면 평소 아이의 기상 시간보다 30분만 당겨서 아이를 깨워 보자. 억지로 아이를 흔들어서 깨우는 것이 아니다. 아이의 평소 기상 시간이 아침 9시였다면, 8시 30분쯤 깨운다는 생각으로

8시 20분 즈음부터 햇살이 자연스럽게 방 안으로 들어오도록 커튼을 살짝 열어 둔다. 방문도 열어 둔다. 일부러 더 조용히 할 필요도 없다. 얕은 잠 단계에 있는 아이가 가족들의 생활 소음을 듣고 자연스럽게 일어날 수 있도록 분위기를 만드는 것이다. 그리고 SMART 수면 루틴의 아침 루틴을 해주자. 발을 조물조물 만져 준다거나, 기분 좋은 긍정 선언, 뼈가 으스러질 것 같은 허그 말이다.

밤잠과 아침 기상은 철저하게 연결된다. 30분이라도 일찍 일어나는 일상이 며칠 지속되면 밤에도 평소보다 15~30분 일찍 잠자리에 들 수 있다. 계속 이런 패턴으로 조금씩 전체 수면 시간의 패턴을 앞으로 이동하면 된다. 문제는 들쑥날쑥함에 있다. 한번 아이의 수면 패턴을 개선하겠다고 마음먹었다면 최소 2~3주 동안은 변수가 없도록 해야 한다. 중요한 가족 약속이나 여행이 있다면 그 기간 동안에도 어떻게 하면 최선을 다해 실천할지 시작 전에 고려해 보자. 무엇이든 엄마가 들쑥날쑥하면 아이 마음에 저항하는 내성이 생긴다. 엄마 말에 100퍼센트 수긍하기보다 〈어떻게 하면 오늘은 버틸까〉 하는 마음이 생긴다. 핵심은 조금씩, 꾸준히, 매일 실천하는 데 있다.

평소 12시에 자던 아이를 오늘부터 아무 준비도 없이 9시에 재우겠다고 8시부터 방에 들어가면 어떤 결과가 생길까? 아이는 초저녁같이 느껴지는 그 시간에 잠이 오지 않는다. 엄마는 기다리다가 결국 짜증이 난다. 이와 같은 상황이 각 가정에서는 반복되지 않길 바란다. 매일 아침에 30분 일찍 깨우고, 평소보다 밤에 15분이라도 일찍 잠들었다면 다행으로 여기자. 같은 패턴을 1주 정도 반복하면서 차츰 당겨 나가면 한 달 동안 최소 1~2시간은 빨라질 수 있다.

Q 자려고 눕기만 하면 배가 고프다고 한다면?

아이의 습관을 개선하고 일찍 재워 보겠다고 야심차게 결심해도 꼭 예상치 못한 곳에서 변수가 생긴다. 저녁을 일찍 먹여야 한다는 말에 너무 부지런히 서둘렀을까. 오후부터 긴장하며 분주하게 아이를 일찍 재우려고 노력한 엄마를 한마디로 무너뜨리는 순간이 온다.

「엄마 배고파.」

배가 고프면 잠이 오지 않는다. 우리 집 같은 경우 저녁을 5~6시 사이에 먹는다. 그리고 아빠는 7시 20분~8시 사이에 저녁을 먹는데, 그때 옆에서 고기나 메인 반찬을 한두 젓가락 먹거나 과일을 먹으며 아빠 얼굴도 보고 대화도 나눴다. 그럼 밤에 잘 때 배고프다는 소리를 하지는 않았다. 간혹 여름에 수박처럼 물이 많은 과일을 먹으면 자다가 소변보러 가느라 자주 깨거나 실수를 하기도 하니 신경을 써야 한다. 다음은 2살 터울의 두 아들을 키우는 정연 씨의 이야기이다.

밤 9시 즈음 누웠는데 아이가 배가 고프다고 엉엉 울고, 집에 먹을 게 하나도 없어서 나는 24개월 둘째를 돌보고 결국 남편이 48개월 첫째를 데리고 나가서 과자랑 치즈를 사왔어요. 늦은 밤에 과자와 치즈를 맛있게 먹고 이제 정말 자야 한다고 엄포를 놓았죠. 드뷔시의 「달빛」도 조용히 틀고, 간접 조명만 켜고 저는 둘째를 재우느라 조용히 누워 있었고요. 그런데 첫째는 잠이 홀라당 달아났는지 침대에서 뛰기 시작했어요. 안 되겠다 싶어서 아이를 불러다 조용히 책을 읽어 주었습니다. 그러고 보니 과자와 치즈를 먹고 양치질을 하지 않았더라고요. 그 밤에 이를 닦고 나니 밤 10시 30분. 드디어 잠잠해지나, 드디어 육아 퇴근인가, 기대하며 스르륵 일어났더니 첫째는 잠이 들지 못한 채 계속 엄마를 부르고, 둘째는 엄마가 사라지니 마구 울어 댑니다. 육아 퇴근을 기대했다가 실망을 하니 그 순간 모든 화가 첫째에게 쏠렸습니다. 저도 모르게 아이의 몸에 손을 댔습니다.

아이를 키우다 보면 하필 이런 날이 꼭 있다. 먹을 게 하나도 없는 날, 아이가 유난히 잠을 자지 않는 날, 내 기분이 급격히 변하는 날. 어디서부터 개선하면 좋을까. 첫째는 밤에 마트까지 다녀왔으니 잠이 홀라당 달아나는 건 당연하다. 배고프다고 징징거리니 아빠와 나들이 겸 마트에 다녀오는 횡재도 했다. 간식도 샀고, 좋은 일이 생겼으니 징징거리면 내가 원하는 것을 가질 수 있다는 마음이 강화될 수밖에 없다. 아이의 행동을 개선하려고 애쓰기 전에 부모가 먼저 생활을 돌아보아야 한다. 규칙적인 시간에 식사를 하고, 아이의 간식만 잘 챙겨도 이런 변수는 생활 속에서 현저하게 줄어든다. 적어도 배고프다는 이유로 아이가 잠드는 시간이 지체될 일도, 엄마의 화가 아이에게 쏠려서 잠들기 전 아이에게 화를 낼 일도 시작되지 않을 것이다. 아이를 가르치려고 하기 전에 부모가 먼저 흐트러짐 없는 생활을 하면서 부정적인 패턴을 반복하지 않아야 한다.

정연 씨는 밤에 우는 아이에게 화가 나서 급기야 아이 몸에 손까지 댔다. 각자의 마음에 낭비된 에너지가 얼마나 클까? 게다가 부정적인 기운이 잠들기 전에 가득하다. 화가 났을 때 화를 내지 않으려고 애쓰면 우리가 가진 에너지가 마이너스 방향으로 흐른다. 조금 앞서서 엄마가 먹이고 챙기느라 20의 에너지가 들었다고 가정해 보자. 아이들이 편안하기 때문에 방긋 웃고, 제시간에 잠들어서 엄마가 시간을 잘 사용했다면 그때 느끼는 행복감 때문에 다시 50의 에너지가 채워졌는지도 모른다. 결국 30의 에너지가 추가로 생긴다. 여기에서 숫자는 중요하지 않다. 우리 가정의 에너지가 지금 플러스로 충전되고 있는지, 기운 빠지는 마이너스인지만 생각해 보자. 조금만 앞서서 미리 계획하고 규칙적인 생활을 하기만 해도 그 가정은 하는 일마다 잘될 가능성이 높다.

〈대상 영속성〉이란 개념이 있다. 존재하는 물체가 어떤 것에 가려져서 보이지 않더라도 사라지지 않고 지속적으로 존재한다는 것을 아는 능력이다. 즉 대상 영속성이 발달한 아이는 안정 애착 형성도 잘되었다고 볼 수 있고, 어린이집에 가더라도 엄마를 곧 다시 만날 거라는 믿음을 가지고 엄마와 헤어질 수 있다.[*] 〈사랑의 영속성〉도 마찬가지 개념이다. 애착 형성이 잘

---

* 송관재, 『생활 속의 심리: 인간 행동과 사고의 심리적 이해』(서울: 학지사, 2003).

된 아이는 엄마한테 혼나면서도 엄마는 날 여전히 사랑한다는 믿음을 가지고 있기 때문에 화내는 엄마를 보면서도 다음 날 여전히 엄마를 보고 활짝 웃어 준다. 그래서 잠든 아이만 보면 엄마는 더 미안한지도 모른다. 아이의 예쁜 마음에 상처가 남지 않도록, 아이의 마음을 지켜 주자. 단순하게 생활하면서 꼭 해야 할 일, 시간만 잘 지켜도 엄마 감정 조절이 한결 쉬워진다.

Q 자꾸 문 앞에서 쪼그리고 자는 아이, 왜 그럴까?

온도와 습도는 아이들 수면과 건강에 큰 영향을 미친다. 특히 겨울철 온도와 습도에 주의하면 아이들의 열 감기 병치레가 확연히 줄어든다.

5세 인우 엄마의 고민이다. 「아이가 편한 자기 자리 놔두고 문 앞에 쪼그리고 자려고 해요. 맨날 감기를 달고 살아서 춥지 않게 키우고 싶은데요. 이불을 안 덮어서 수면 조끼를 입히고 있어요.」

아이들은 잘 때 이불을 덮지 않는다. 엄마가 자는 내내 이불을 덮어 줄 수도 없다. 신경 써서 덮어 주면 이내 차버리고 이불과 동떨어진 곳에서 자고 있다. 행여나 추워서 콧물이 나고 기침을 하는 건 아닌가 싶어서 엄마는 계속 집안 온도를 올리고, 잠자리에 들기 전부터 수면 조끼를 입힌다.

코칭을 해보면 생각보다 아이 잠자리 온도가 높은 경우가 많다. 아이가 더워서 자꾸 시원한 쪽을 찾아가는 건 아닌가 싶어서 잠자는 방의 온도를 조금씩 낮춰 보길 권했다. 방 안의 온도를 3일에 1도씩 낮춰 평소 25도였던 방 온도를 22도까지 내렸더니 아이가 더 편안하게 잠들었다고 한다.

　잠들기 전까지 아이가 수면 조끼를 입은 상태에서 이부자리에서 놀다 보면 땀이 나는 경우가 많다. 땀이 식으면서 온도 차이로 열이 나고 콧물을 훌쩍이게 된다. 그럼 엄마는 추워서 감기에 걸린 줄 알고 방 온도를 더 높이게 된다. 악순환은 늘 이런 식으로 반복된다. 시원해야 잘 잔다는 것을 이해한 인우 엄마는 인우가 깊게 잠이 든 후에 수면 조끼를 입혔다. 그 뒤로 겨울이 끝나도록 콧물 감기에 한 번도 걸리지 않았다는 감사한 소식을 들려주었다.

　아이가 잠자는 방의 온도만 시원하게 바꿔도 잠드는 시간이 단축되거나 자다가 중간에 깨서 짜증 내는 일이 확연하게 준다.

아이를 숙면으로 이끄는 수면 상식

야외 활동 시간 늘리기

수면을 유도하는 멜라토닌은 뇌에서 분비되는 호르몬으로, 낮에 햇볕을 쬐면 분비가 억제되었다가 밤이 되면 한꺼번에 분비돼 수면을 원활하게 한다.[*] 아이가 충분한 야외 활동을 해야 밤에도 잘 자는데 어느 순간 바깥 야외 활동이 자유롭지 못한 나날이 이어지고 있다. 미세 먼지와 코로나19와 같은 감염병이 문제이다. 일하는 엄마의 경우 아이가 안전한 실내에 있어야 안심할 수 있으니 주중에는 햇볕을 쐴 기회를 충분히 주기도 어렵다. 주중에 야외 활동의 기회가 부족했다면 주말이라도 햇살 아래에서 자연을 느낄 기회를 주어야 한다.

수면 환경 확인하기

잠자기 좋은 방의 환경은 조용하고, 안전하고, 어두워야 한다. 스마트폰, 디지털 기기 등에서 빛이나 소리가 나지 않게 해야 한다. 아이가 잠자는 방을 평화로운 시간, 안락한 공간으로 연관시킬 수 있어야 한다.

---

[*] Mead, M Nathaniel, 'Benefits of sunlight: a bright spot for human health', *Environmental health perspectives vol. 116, No. 4*(2008)

수면 온도 확인하기

아이는 더워서 못 자는 경우가 많다. 아이가 잠드는 방의 온도와 습도는 적당해야 한다. 여름에는 온도 23~26도, 습도 40~50퍼센트를 유지한다. 겨울에는 온도 18~25도, 습도 50~60퍼센트를 유지한다.

소화 기관도 쉬게 도와주기

너무 배부르지도, 배가 고프지도 않은 상태를 유지해야 한다. 너무 배가 고프면 잠을 잘 수 없기 때문에 배고파하면 따뜻한 우유나 바나나같이 따뜻하고 부드러운 간식을 조금 먹여 주어도 좋다.

체온 올리기

39도의 따뜻한 물에 20분 정도의 반신욕이나 족욕을 하면 아이가 숙면을 할 수 있다. 체온이 올라갔다가 떨어지면서 숙면을 취할 수 있으니 잠자기 직전보다는 잠들기 2시간 전에 하는 게 좋다.

아이의 감정 만져 주기

아이에게 존재하는 두려움은 당연한 감정이다. 상상력이 풍부한 시기이기 때문에 낮에 책에서 봤던 괴물이 생각나기도 하고 시커먼 그림자만 봐도 마음이 콩닥거린다. 아이는 잠자는 시간이 부모와 이별하는 시간이라고 느끼고 두려워한다. 불을 끄거나 깜깜해지는 게 싫어서 자러 가는 시간을 거부하기도 한다. 잠잘 시간이 다가올수록 아이가 안전하고 사랑받고 있다고 느끼도록 아이의 소리에 귀 기울여 주어야 한다.

잠자러 가는 시간은 아이가 기다리는 편안한 시간이 되어야 하는데, 아이가 겁이 많고 괴물을 무서워한다면 괴물 쫓아내는 놀이를 하며 아이의 상상력을 자극하는 것도 좋은 방법이다. 벌레 잡는 스프레이처럼 무서움과 두려움을 잡아주는 스프레이 통을 준비하고 그 안에 물을 넣어 주자. 그리고 자기 전에 스프레이를 침대 주변에 뿌리는 의식을 하는 것만으로도 아이는 안심하고 잠들 수 있다. 아이가 혼자 잠들기 어려워하고 무서워한다면 그 감정을 나무라기보다는 세상엔 다양한 감정이 존재한다는 것을 아이와 나누는 부모의 지혜가 필요하다. 긍정적인 감정은 좋은 것이고 부정적인 감정은 나쁜 것으로 생각할 필요도 없다. 우리 아이는 기가 약하고 겁이 많다거나 정서가 불안한 건 아닐지 걱정할 필요도 없다. 〈세상에 다양한 색깔이 존재하듯, 다양한 감정이 있는 거야. 지금은 두렵구나.〉 이렇게 아이의 마음을 읽어 주면 된다.

감정을 정리하고 표현하기

그날에 대해 글을 쓰거나 그림을 그리면 아이가 생각을 정리하고, 몸을 가라앉힐 수 있다. 자연스럽게 자신을 표현할 도구와 시간을 마련해 주자. 그럴 여건이 안된다면 잠자리에 누워서라도 말로써 그날 하루 느낀 감정을 표현할 기회를 주면 된다.

애착 인형으로 안정감 느끼게 도와주기

안아 줄 수 있는 따뜻하고 부드러운 봉제 인형이나 담요 등은 부모의 따뜻함과 편안함을 대신할 수 있다.

정리하며 인사하기

수면 루틴은 한결같은 시간에 해야 한다. 아직 시계를 볼 줄 모르는 아이라도 엄마가 시간을 알려주며 시간 개념을 잡아주면 좋다. 10분 뒤 〈모두 제자리〉를 해야 하니 하던 일을 마무리하자는 안내를 미리 할 필요가 있다. 갑자기 정리를 시작하라고 하는 것이 아니라 아이도 시간의 흐름에 따라 마음의 준비를 할 여유가 필요하다. 수면 루틴 시작 전에 방 정리를 하면서 가족에게, 그리고 장난감이나 놀이 친구들에게 〈잘 자〉라는 인사를 나누는 루틴을 넣는다. 〈할아버지 안녕히 주무세요〉, 〈뽀로로, 잘 자〉, 〈공룡아, 잘 자〉라고 인사 나누며 잠 자는 시간이 왔다는 것을 아이가 직접 알 수 있게 한다.

수면 루틴 동화책 만들기

아이와 함께 수면 루틴 스토리북을 만들어 보자. 구글에 〈Kids Sleeping Routine〉 이미지를 검색하면 수면 루틴과 관련된 다양한 이미지를 찾을 수 있다. 아이가 자기 전에 해야 하는 긍정적인 행동을 포함한 동화책을 만들고 아이가 그 밖의 행동을 한다면 〈우리가 만든 동화책에는 이런 행동이 없는데〉라고 자연스럽게 말하며 아이의 행동을 잡아 줄 수 있다.

잠자리에서 읽기 좋은 책

0~3세 | 『잘 자요, 달님』 글 마거릿 와이즈 브라운(시공주니어, 2017)

서양에는 잠자리에서 읽어 주는 「베드타임 북」 시리즈가 따로 있는데, 이 책이 대표적이다. 아기 토끼 한 마리가 방에 있는 물건들 하나하나에, 심지어 공기한테조차 밤 인사를 하고 잠드는 모습이 무척 정겹고 나른하게 표현되어 있다. 스토리가 있는 책은 다음 이야기가 궁금하기 때문에 시간이 지날수록 오히려 아이들 눈이 말똥말똥해지기 마련이지만, 이 책은 인사를 모두 마치면(책이 다 끝나면) 아이 스스로도 잠들어야 한다는 그런 깜찍한 장치가 숨어 있어, 잠들기 전 마지막 책으로 읽기 좋다.

3~4세 | 『밤에도 놀면 안 돼?』 글·그림 이주혜(노란돼지, 2010)

밤마다 잠투정하는 아이, 꾸벅꾸벅 졸면서도 안 잔다고 버티는 아이를 위한 그림책이다. 아이들과 비슷한 또래인 태양이가 주인공으로 나오는 재미있는 글과 그림이 아이들이 왜 잠을 자야 하는지를 자연스럽게 이해할 수 있게 해준다.

3~6세 | 『더 놀고 자면 안 돼요?』 글 데버러 닐랜드(밝은미래, 2012)

차근차근 아이와 함께 이 그림책을 보면 부모는 잠자기 싫어하는 아이의 마음을 이해하고, 아이는 잔소리하는 엄마 아빠의 입장을 이해할 수 있다. 아이는 책 속에서 사자와 신나게 노는 장면을 떠올리며 편안히 꿈나라로 빠져들게 된다. 매일 밤 잠잘 때마다 씨름하는 엄마 아빠와 아이의 현실감 있는 대화가 흥미롭다.

4~6세 | 『잠이 오는 이야기』 글·그림 유희진(책소유, 2019)

아이들은 대개 잠을 자기가 하고 싶은 것을 못하게 가로막는 순간이나 혹은 막연하고 알 수 없는 어둠 등 부정적인 것으로 인식한다. 이 책에 등장하는 〈잠〉은 매일 잘 시간이 되면 우리에게 찾아와 주는 친구 같은 존재이다. 모자를 쓰고, 신발을 신고, 가방 속에 오늘 꿀 꿈들을 챙겨서 자신이 불리기를 기다린다. 잠은 더 이상 고약하고 무자비한 어둠이 아닌, 꿈을 가져다주는 친구이다. 잠을 〈강요〉하는 대신 〈소개〉해 줌으로써 아이가 친구를 만나고픈 설렘을 안고 잠에 스스로 집중할 수 있게 해준다.

1~4학년 | 『내가 상상하는 대로』 글·그림 윤금정(맥스밀리언북하우스, 2020)

어둠 속에서 눈만 감으면 보이는 무서운 괴물을 상냥하고 무섭지 않은 존재로 변신시키는 놀이를 위해 만든 책이다. 아이들은 상상 속에 나오는 그 괴물들을 마주하고 그들과 악수하고 친해질 수도 있다. 이 책은 국문과 영문이 함께 표기되어 있어서 아이에게 한글 또는 영어로도 읽어 줄 수 있다.

미라클 베드타임으로
자녀 교육의 답을 찾은 엄마들

잠자는 시간은 행복한 시간

코칭 받을 당시 22개월 아기 엄마, 전 한국어 강사 양송이

두 돌이 채 되지도 않은 아이를 키우며 미라클 베드타임을 찾게 된 이유는 유모차나 차를 태우지 않으면 자정이 되어도 자려고 하지 않는 아이 덕분이었다. 〈아이 때문〉이 아니라 〈아이 덕분〉이라고 한 것은, 단순히 아이의 수면 문제를 해결하고자 문을 두드렸을 뿐인데, 그 프로그램을 통해 수면뿐만 아니라 육아의 방향까지, 더 나아가 엄마인 내가 살아야 할 방향까지 잡게 되었기 때문이다. 지금 와서 생각하면 잠으로 속 썩이는 아이를 키우고 있던 것은 오히려 다행이었다. 그 아이가 아니면 미라클 베드타임도 몰랐을 것이고, 그러면 나는 아직도 육아서들을 뒤적이며 정답을 찾아 헤매고 있었을 테니 말이다.

첫날 코칭에서 들었던 멘토의 말이 아직도 기억에 남는다. 〈자는 시간이 좋아서 아이가 달려들 만큼 그 시간을 행복한 시간으로 만들어 주었나요?〉 그러고 보니 태어나서 모든 것을 새롭게 배워 가는 아기한테 잠은 차를 타면 자는 것이라고 이해하게 만들었는지도 모르겠다는 생각이 들었다. 단한 번도 잠자러 가는 시간과 행복한 시간을 연결해 보지 못했다. 그리고 많

이 반성했다. 아이를 한 시간이 넘도록 안아서 재우기도 하고, 자기 싫다고 울면서 방 밖으로 기어 나가버리는 아이를 몇 번이고 끌어다 눕히면서 결국에는 항상 화가 난 마음으로 재웠다. 그 마음을 아이라고 몰랐을까. 아이에게 미안했고 많이 반성했다. 그리고 수면 루틴을 시작한 지 얼마되지 않은 어느 날, 루틴대로 저녁 시간을 보내는데 아이가 갑자기 나에게 와서 살갑게 뽀뽀를 하는 게 아닌가. 정말 놀라웠다. 아이가 느끼고 있는 행복감이 나에게도 고스란히 전해졌기 때문이다. 멘토의 말대로 자는 시간이 행복한 시간이 된 것이다. 그러고는 머지않아 아이는 짜증도 내지 않고 울지도 않고 제시간에 제자리에 누워서 자게 되었다. 기적 같았다. 엄마가 변화해야 아이의 행동 개선이 일어나는 것이 사실이었다. 그 일을 계기로 아이의 정서를 충분히 채워 주고, 아이와의 관계가 충만하다면 아이는 알아서 잘 자랄 것이라는 믿음이 깊게 뿌리내렸다. 정서, 수면, 건강, 학업은 결국 다 연결되어 있다는 것, 하나가 좋아지면 결국 모든 것에 영향을 준다는 것, 이것이 바로 내가 미라클 베드타임을 통해 깨달은 것이다. 그러니 미라클 베드타임은 단순히 잠만 잘 재우는 것이 아니었다.

코칭이 끝난 후에도 우리는 여전히 미라클 베드타임을 실천하려고 노력 중이다. 수면 루틴을 통해 생활이 단순해지니 육아가 쉬워지고, 육아가 쉬워지니 엄마인 나도 불필요한 에너지를 소모하지 않게 되었다. 미라클 베드타임은 아이를 변화시키는 프로그램인 줄 알았는데 지나고 보니 근본적으로는 엄마를 변화시키는 과정이었다.

218

아이들뿐 아니라 내 삶의 건강과 활력까지

7세, 10세 형제의 엄마, 〈건다플〉 대표 신동진

첫째 아이가 8세 때 전신에 혈관이 터지는, 원인도 치료법도 알 수 없는 자가 면역 질환에 걸리고 나서 건강, 특히 수면의 중요성을 뼈저리게 느꼈다. 그러나 아이는 잠 드는 것을 좋아하지 않았고, 나는 늘 자정이 넘을 때까지 화를 내면서 재우게 되었다. 그러던 중 우연히 도서관에서 만난 『9시 취침의 기적』이라는 책을 통해 멘토를 알게 되었고, 〈지푸라기라도 잡는 심정〉으로 미라클 베드타임에 참여하게 되었다. 초반에는 아이도 남편도 생활하던 패턴과 달라 적응하기 힘들어했지만, 하나하나 시도하고 멘토의 피드백을 받으면서 1년여 간 꾸준히 실천하는 중이다.

이제 아이들은 9시면 잘 시간이라며 다음 날 입을 옷을 챙겨 놓고 잘 준비를 한다. 멘토에게 배운 대로 남편과 나는 아이들을 안아 주고 도란도란 하루 동안 감사했던 이야기를 나눈다. 그러면 아이들은 웃으면서 잠이 든다. 일찍 잠들었기 때문에 깨우지 않아도 아침에 알아서 일찍 일어나 있고, 어린이 신문도 보고 둘이서 장기도 두며 놀다가 아침밥을 먹는다. 정신없이 시간에 쫓기고 밥맛이 없다는 아이들에게 화내던 이전의 아침과는 완전히 달라진 여유로운 모습이다. 아이의 자가 면역 질환 증상도 많이 호전되었고 작년보다 키도 많이 자랐다.

내게도 변화가 생겼다. 아이들을 재우고 나서 나만의 시간을 가지며 운동과 자기 계발을 한 덕분에 약 반 년간 굶지 않고 10킬로그램을 감량하며 건강과 활기를 되찾았다. 프로그램에 참여하며 엄마 인생의 중심을 잡아 주는 멘토와 각 분야의 본받을 점이 많은 엄마들을 보며 나도 사람들에게 좋은 영향력을 주고 싶다는 꿈이 생겼고, 내 경험을 바탕으로 〈건다플〉(건 강하게 다이어트하는 온라인 프로젝트)을 운영하고 있다.

미라클 베드타임에 참여하기 전만 해도 너무나 우울하던 내 삶이 요즘은 하루하루 활기차고 행복하다.

어린이집을 가지 않을 때에도 중심이 잡힌 생활

5세, 8세 남매 엄마, 〈나도미니멀라이프〉 운영자 서한나

미라클 베드타임 덕분에 몇 달씩 아이들과 온종일 함께 있는 코로나 집 콕 생활이 즐거운 시간이 되고 있다. 아이들이 3세, 6세에 미라클 베드타임을 시작해서 이제 5세, 8세가 되었다. 이전에는 저녁이 되면 정서 교감 없이 육아에 지친 몸을 끌고 눕기 바빴다. 그리고 잠이 오면 떼쓰고 트집을 잡는 첫째 때문에 어쩔 수 없이 9시면 일단 눕기를 했다.

그 와중에 만난 미라클 베드타임은 수면 시간 전의 과정이 얼마나 귀중한지를 알려주었다. 서로 마사지해 주고 도란도란 이야기 나누며 사랑을 속삭이는 시간을 우리 모두 좋아하게 되었다. 함께 정서적 안정 속에서 매일 밤 예쁜 추억을 만들어 가고 있다. 아이는 이제 잠자는 시간을 기대하고, 더 재미있는 일이 기다리고 있는 내일을 꿈꾸며 잠든다. 졸린 눈으로 떼쓰

는 모습은 사라진 지 오래다.

미라클 베드타임 생활 1년이 넘자 일상이 수월하게 흘러갔다. 일찍 잠드니 일찍 일어나 잔소리 할 일이 줄었고, 코로나19로 어린이집을 가지 않는 때에도 중심이 잡힌 생활을 해나갈 수 있었다. 9시까지 모든 마무리를 짓기 위해 저녁 식사 후 정리, 샤워, 잠자리 준비가 실랑이 없이 이루어진다. 정말 〈미라클〉아닌가?

첫째가 곧 초등학생이 되지만 걱정 내려놓고 지금처럼 미라클 베드타임 생활로 중심을 잡고 가보려고 한다. 어린 자녀가 있는 많은 부모들이 미라클 베드타임을 경험해 보면 좋겠다. 수면 습관을 잡으면 생활 전반이 얼마나 긍정적으로 변하는지 느껴보면 좋겠다.

내 앞에서 말없이 울던 아이의 얼굴에 미소가 피어올랐다

초2, 중1 남매 엄마, 소프트웨어 엔지니어 이선민

아이의 마음을 누구보다 더 잘 알아주고 아껴 주는 엄마이고 싶었는데, 나는 그저 공감 없이 시키기만 했다. 아이의 성향이 나와는 다르다는 걸 인지는 하고 있었기에 곧 중학생이 되는 큰 딸아이에게 이제는 엄마 도움 없이 스스로 하는 것이라고 이야기하며 끊임없이 잔소리하고 가르치기만 했다. 미라클 베드타임을 신청하게 된 동기도, 자기 주도 학습 코칭 때문이었다.

부끄럽게도 엄마인 나부터 개선이 되어야 한다는 걸 프로그램 중에 깨달았다. 부모와 아이와의 정서 통장이 충만해야 시키지 않아도, 가르치지 않아도 자연스레 스스로 할 일을 찾아 할 것임을 말이다. 처음에는 내 머릿속이 물음표로 가득했지만 〈잔소리, 다그치기, 재촉하기〉를 하지 않으려 하루하루 노력을 해가다 보니 아이의 표정이 변화되고 있다는 걸 느끼게 되었다. 퉁한 표정, 말대답도 못한 채 울기만 했던 아이의 얼굴에 미소가 피어올랐고, 말도 긍정적으로 하기 시작했다. 둘째가 먼저 잠드는 고요한 밤이면 대화 시간도 가지게 되었다. 무뚝뚝한 엄마, 딸이었는데 이제는 먼저 이야기해 주고, 본인이 해야 할 일을 알고 스스로 챙기는 모습도 보인다. 〈작심삼일〉될 거라던 남편도 나의 변화에 아이의 표정이 바뀌니, 자신 역시 나름대로 아이와 산책을 자주하며 마음을 보듬어 주는 데 힘을 보태고 있다.

미라클 베드타임을 시작하고서야 눈물 흘리는 아이의 표정과 마음이 보였다. 왜 하나뿐인 딸에게 그렇게 모질게 말하고 행동했는지 모르겠다. 부끄럽고 미안한 마음이 커졌다. 지금 우리 딸아이에게 필요한 것은 잔소리가 아니라 엄마의 따뜻한 말 한마디, 눈빛, 스킨십이었다는 걸 그동안 나는 왜 몰랐을까? 이제는 자신하건대 퉁한 표정, 불만스러웠지만 말하기 꺼리는 표정은 거의 볼 수 없다. 그저 같이 웃어 주고, 부드럽게 이야기만 해 줬을 뿐인데 딸아이의 얼어붙은 마음이 녹아내림을 단번에 알아차릴 수 있었다. 나의 급하고, 말하면 바로 해야만 한다는 강박증을 내려놓지 않았다면 지금쯤 나와 딸아이는 사이가 더 멀어져 있지 않았을까. 아직 미라클 베드타임이 끝이 아니라고 생각한다. 그동안 챙겨 주지 않아 미안했던 나의 마음이 아이에게 충만히 전해지도록 더 노력하는 엄마가 되어야 한다고 다짐하고 또 다짐해 본다.

규칙은 딱 한 가지뿐, 9시까지는 잠자리에 들기!

6세 딸 엄마, 동화 작가 최유성

세상에서 가장 극한 직업이 엄마란다. 엄마가 되고 나서야 그 말을 실감한다. 육아는 지금까지 했던 그 어떤 일보다 힘들었다. 그중에서 가장 힘든 일은 아이를 재우는 일이었다. 무던하게 아이를 키우고 싶었는데, 안타깝게도 아이는 무척 예민해서 잘 먹지도 잘 자지도 않았다. 백일의 기적도 없었고 돌이 되어도 달라지는 건 없었다.

심지어 돌이 지나고 나서는 낮잠을 자는 것조차 거부했다. 누가 봐도 졸린 게 분명한데, 침실에 데리고 들어가기만 해도 졸리지 않다고 자지러지게 울었다. 낮잠을 자지 않으면 밤잠은 잘 자겠지 싶었는데, 자는 동안 몇 번이나 깨서 울었다. 잠이 부족하니 종일 짜증을 내다가 기절하듯 잠이 들 때도 있었다. 그런 아이가 안타까워 편히 재우려고 침실로 옮기면 금세 깨서 울었다. 육아가 힘드니 육아서도 많이 읽었다. 그때 만난 책 가운데 하나가 『9시 취침의 기적』이다.

그렇지만 아이를 9시에 재우는 일은 쉽지 않았다. 집 안의 모든 불을 끄고 들어가 식구들이 나란히 누워 있어도 아이는 자려고 하지 않았다. 자기 싫어 몸부림치는 아이와 1시간 넘게 실랑이를 하다 보면 내가 무슨 잘못을 해서 이 고생을 하는 걸까? 너무 힘들어서 눈물이 나오는 날도 많았다.

그러던 차에 〈미라클 베드타임〉이라는 프로젝트가 있다는 것을 알게 되었다. 3주간 프로젝트를 진행하며 아이를 재우는 일이 점점 쉬워졌다. 아이와 함께 가벼운 놀이도 하고 음악도 듣고 마사지도 하는 등 다양한 수면 루틴을 만들어 가니 아이가 잠드는 시간이 점점 빨라졌다. 요즘은 잠자리에 들면 20분 정도 있다가 잠이 든다. 물론 더 빨리 잠이 들 때도 있다.

아이를 재우는 시간이 지옥처럼 느껴졌었는데, 지금은 참 행복하다. 아이와 포옹하고 뽀뽀하며 사랑의 말을 주고받기도 하고 작은 목소리로 함께 노래를 부르기도 한다. 즐겁게 잠든 덕분인지 아이는 밤새 깨지 않고 아침까지 잘 자고 기분 좋게 일어난다.

최근에는 코로나19 때문에 가정 보육을 하는 날이 많았다. 남편도 재택근무를 하는 날이 많아 세 식구가 하루 종일 붙어 지내야 하는 상황에서도 생각보다 잘 지내고 있다. 우리가 지키는 규칙은 딱 한 가지뿐이다. 9시까지는 잠자리에 들기! 그 한 가지를 지킬 뿐인데, 신기하게도 규칙적으로 살아진다.

나에게도 올까 싶었던 기적이 드디어 찾아왔다. 삶을 바꾸고 싶은 사람들에게 우선 잠자는 시간부터 바꿔 보라고 말하고 싶다.

내 인생은 날마다 나아지고 있다

7세, 8세 자매 엄마, 전 영어 강사 최해선

3주간의 미라클 베드타임 코칭이 끝났다. 3주의 시간은 굉장히 짧으면서도 엄청나게 큰 변화를 가져다주었다.

수험생 시절에도 새벽 기상은 너무 힘들었다. 몇 번의 노력은 했었지만 결과는 늘 실패였다. 이제껏 나의 생활 패턴이나 수면 패턴을 되돌아봤을 때 아무리 노력해도 불가능한 일이었다. 하지만 그래도, 나는 일찍 일어나서 하루를 시작하고 싶다는 욕심이 있었다. 아이들 재우고 무언가를 새벽까지 하는 게 아니라 일찍 자고 일찍 일어나 새벽의 2시간을 알차게 써보고 싶다는 생각.

이제 곧 아이가 학교에 들어가는데 지각이라도 하면 어쩌나 하는 남편의 걱정 섞인 말도 내 마음속의 돌덩이로 눌러 앉아 있었다. 그러던 중 우연히 미라클 베드타임 프로그램 정보를 보았다. 고민이 되진 않았다. 그때의 내 모습은 내 인생 최악이었기 때문이다.

3주 전, 화와 짜증만 내 안에 있었다. 내가 아닌 것 같았고 단지 육아 스트레스로 아이에게 화풀이를 한다는 것 자체가 이해가 안 되면서도 조절하기도 힘들었다. 내가 이런 사람이었나? 나름 스스로 괜찮은 사람이라고 생각하면서 살아왔는데 아이들 앞에서의 내 권력을 맛보기라도 하듯 내 마음대로 아이들을 휘어잡고 흔들어 댔다. 머릿속은 늘 바쁘고 정리가 안 되어 있고 아이들에게 〈빨리 빨리〉를 하루에 100번도 넘게 말했다. 〈애들아, 시간 다 돼가 빨리 먹어. 애들아 빨리 옷 입어. 마스크는? 신발 빨리 빨리 좀 신어. 유치원 안 갈 거야? 이런 식으로 할 거면 유치원 가지 말고 집에 있어! 책 좀 읽어라, 맨날 놀기만 하니? 오늘은 숙제 다하고 자. 안 하면 잠 못 자! 왜 이렇게 슈퍼 느림보 달팽이니? 엄마가 몇 번을 말해야 알아듣는 거야?〉 어느 순간부터는 나조차 아이들에게 뭘 시켰는지 기억도 못 하면서 그렇게 아이들을 혼냈다. 내 머릿속이 바쁘니 아이들의 속도는 보지도 못하고 아이들을 내 기준에서 채찍질하며 어떻게 해서든 그 시간에 끝낼 수 있게 윽박지르며 끌고 왔다. 혼내고 소리지르고 잔소리하고 그러다 결국 마지막은 협박으로 아이들에게 겁을 줬다. 그렇게 나는 내 아이들을 느리고 미래가 없는 아이들로 만들고 있었다. 벗어나고 싶었지만 누군가로부터 도움을 받아야겠다고는 생각하지 못했다.

처음 미라클 베드타임에 관한 글들을 봤을 땐, 그저 엄마도 행복하고 아이도 행복해질 수 있다기에 이 악마 같은 내 모습을 빨리 던져 버리고 싶다는 생각만으로 참여했다.

요즘은 오전에 시간이 많이 남는다. 집 안 청소, 샤워를 하고 나서도 시간이 남는다. 그래서 나는 책을 읽는다. 시간적 여유가 생기니 필사도 하게 된다. 어떤 날은 아침 6시에 블로그에 글을 올리고 어떤 날은 5시 반에 일어나 계획했던 일을 적어 본다. 신기한 건 일찍 일어났다고 해서 머리가 무겁거나 피곤하지 않다는 것. 온라인 무료 수업을 받을 여유가 생겼고, 그래서 피아노를 쳐본 적 없는 내가 아이들 앞에서 양손으로 노래 한 곡을 치면서 자랑을 하게 되었다. 연주를 하는 내 모습에 아이들이 까르르 웃는다. 행복하다.

미라클 베드타임 코칭이 끝난 지금도 여전히 실천 중이다. 아이들과 즐기며 웃고 있는 여유로운 나를 발견했다. 내가 기특하다. 어느 날 큰아이가 용기를 낸 듯 조심스레 말했다. 「엄마, 나 다섯 살 때는 엄마 막 소리지르고 나 등 때리고 그랬잖아. 지금은 안 그래서 좋아요.」 그때도 분명 나는 노력하는 엄마였다. 많은 정보를 찾느라, 블로그를 뒤지느라 잠을 못 자고 피곤했지만 난 열심히 노력하는 엄마라고 생각했다. 그런데 내 아이들은 감히 엄마가 너무 무서워 제대로 소리 내어 울지도 못했다. 지금은 마음속에 이야기를 꺼내어 표현해 준다. 얼마나 감사한 일인지. 미라클 베드타임을 통해 미리미리 화나지 않게 스스로를 컨트롤할 수 있는 여유와 스킬이 생겼다. 스스로를 잘 안다는 게 얼마나 중요한지 사람들은 알고 있을까. 어떤 사람인지를 스스로 알면 스트레스 받을 일도, 화날 일도 없다. 왜? 그런 상황이 오지 않게 미리 방지하기 때문이다. 욕심 내지 않고 하나만이라도 잘하려고 열심히 따라했다. 엄마도 행복하고 아이도 행복하다는 그 일을 내가 할 수 있게 되어 너무 감사하다.

침실에서의 시간은 육아의 질을 높이는 시간

6세 아들 엄마, 화학 회사 연구원 이하나

나는 6시 알람 시계 같은 6살 아이를 키우고 있다. 아이가 4개월이 되던 때부터 복직을 했고, 아이와의 저녁 시간을 늘리고 싶어서 이른 출근을 택했다. 아이는 엄마와 인사하기 위해 늘 아침에 일어나 주었다. 눈 부비고 잠깐 만나는 엄마일지라도, 꼭 일어나서 인사를 해주곤 했다. 고맙게도. 하지만 바쁘고 쫓기는 생활에 아이의 감정을 바라볼 여유가 없었다. 미라클 베드타임을 만나기 전까지는.

우리 집은 이전에도 9시 전에 취침을 하고 있었다. 6시면 일어나기 때문에 충분한 수면을 위해 일찍 재워 왔다. 하지만 아이를 재우기 위해 한 시간을 넘기며 토닥이다 보면 마지막엔 화가 났다. 〈얘는 왜 안자고 버티는 걸까?〉 하는 마음이었다.

미라클 베드타임을 만나고, 코칭을 통해 우리 집의 상황을 객관적으로 바라보면서 내가 가장 중요한 부분을 놓치고 있다는 것을 깨달았다. 아이는 엄마랑 더 많은 시간을 보내고, 더 많이 놀고 싶어 한다 것을. 침실에서의 시간을 육아의 질을 높이는 시간으로 쓰고, 아이와 눈을 맞추고 아이의 마음을 충분히 읽어 주는 시간으로 쓰기 시작했다. 그러니 재우는 시간이 엄마에게도 아이에게도 행복한 시간으로 바뀌었다.

코칭을 받은 지 1년이 흘렀다. 워킹 맘이라 부족했던 아이와의 시간이 잠자리에서 짧고 굵게 채워지고 있다. 아이는 점차 따뜻해지고 풍성해지고 여유로워지고 있다. 엄마의 기분 좋은 날들도 덤으로 얻었다. 아이의 마음을 찬찬히 바라볼 여유가 생겼다.

생각과 생활이 바뀌는 순간 아이에게 새로운 가능성이 생겼다!

8세 아들 엄마, 간호사 안수영

나는 당시 3교대 간호사로, 남편은 타 지역에 근무하고 있었다. 덕분에 난 3대가 덕을 쌓아야만 할 수 있다는 주말 부부였다. 신생아 때부터 다른 아이들에 비해 수면 시간이 현저히 적었던 아이는 자라면서 더 잠이 없는 아이가 되어 갔다. 그때 아이의 생활 패턴은 밤 12시를 기준으로 12시 이전에 잠들면 새벽 4시 전후에, 12시 이후에 잠들면 6시 전후에 기상하는 생활을 이어 갔다. 그러는 동안에도 나는 아이의 수면 의식을 위해 이런저런 시도들을 했다. 아이는 어린이집 하원하고 저녁 식사 후 매일 집 앞 체육공원에서 2시간 이상을 놀고, 욕조에서 1시간 이상 놀아도 더 놀자고 했다. 집 안의 불을 다 끄고 자러 가도 2~4시간은 더 놀아야 잠드는 아이와 달리 나는 극한 수면 부족과 면역력 저하로 결국 대상 포진까지 걸려 더 이상 아이와 놀아줄 수 없을 정도에 이르렀다. 게다가 어린이집에서 지속적인 문제 행동(산만함, 공격적인 행동)들로 담임과 이야기를 하고 있던 상태였다.

이런저런 시도를 하며 힘겨워하던 때, 겨우 적응된 동네를 떠나 새로운 곳으로 이사 가야 하는 상황까지 맞이했다. 게다가 4세가 되도록 말을 하지 않는 아이로 인한 여러 고민과 상황들로 나는 심리 센터의 놀이 치료를 다니려고 하던 중이라 이사는 심리적 물리적 부담이었다. 이런저런 사정과 핑계들이 겹치면서 이사 날짜는 불확실해졌고 아이가 어린이집에 다닐 수 없게 되는 상황(어린이집에서 공격적이고 활동량 많고 산만한 아이를 거부했다)

까지 겹치며 갈 곳 없는 난 친정 부모님께 도움을 요청했다. 남편을 두고 친정인 대구로 맨몸 이사를 감행했다. 다행히 완전히 새로운 환경이 아니어서인지 아이는 새 유치원과 새 동네 그리고 새로운 심리 센터에 적응을 했고 나 역시 이전 동료들의 콜을 받아 다시 간호사로 근무를 시작했다. 아이와의 낮 시간을 활용하기 위해 야간 전담 간호사를 자원했고 그래서 더 아이의 수면 교육과 수면 패턴에 대한 고민이 깊어지던 차에 정말 하늘이 동아줄을 내려 주었다.

우연히 본 블로그를 통해 미라클 베드타임을 알게 되었고 『9시 취침의 기적』이란 책을 보면서 내 아이에게 필요한 것이 엄마와의 정서적인 만족감이 아니었을까라고 생각하게 되었다. 소심한 나는 조심스럽게 미라클 베드타임의 문을 두드렸고 그리고 함께하게 되었다. 짧았지만 그 여운은 길었다! 함께하는 그 몇 주간의 기간은 나와 아이 사이의 모든 것을 바꾸어 놓았다. 단기간의 드라마틱한 변화는 아니었지만 아이는 신기하게도 하루하루 서서히 변해 갔다. 불규칙했던 생활이 점점 규칙적으로 바뀌자 산만하다는 소리를 듣던 아이가 단둘이 외출을 할 수 있을 정도로 차분해졌다. 마트 장 보기나 외식은 상상도 할 수 없었던 과거와는 전혀 다른 모습이었다. 이젠 둘이서 마트에도 간다. 물론 가기 전 여러 규칙을 알려주지만 이전에는 규칙도 뭐도 없었던 혼돈 그 자체였던 장 보기가 이제는 같이 먹을 간식을 고를 수 있는 오붓한 시간이 된 것이다! 7세면 다 커서 가능한 것 아니냐고 하는 사람도 있을 테지만 적어도 우리 가족에게는 평범한 일상이 아니었다. 우리 세 식구가 손잡고 나갔다가 5분도 안 돼서 아이가 없어져 경찰에 신고하기를 몇 번이나 하고 나서는 외출이라는 단어는 모르는 걸로 삼았다. 이제는 조심스럽게 하나씩 도전해 보고 성공하고 그걸 칭찬하고 행복해하는 생활로 바뀌고 있다. 공격적이던 성향이 없어지고 산만한 행동들이 조금씩 나아지고 있다. 주변의 육아 동지들에게 미라클 베드타임을 강력히 권한다. 나의 생각과 생활이 바뀌는 순간 아이에게 새로운 가능성이 열렸다! 아이는 자랄 것이다. 이전보다 더 나은 어린이가 될 것이다! 아이와 나는 지금도 성장한다.

꿈 같은 일상이 기적처럼 생겨났다

5세, 9세, 12세 남매 엄마, 공무원 이성희

나의 육아 맘, 워킹 맘으로서의 삶은 미라클 베드타임을 알기 전과 후로 나뉜다. 미라클 베드타임을 알기 전 나는 감정적으로 아이를 대하고 마음에 여유가 없으며 하루에도 몇 번씩 헐크로 변하는 엄마였다. 일하는 엄마니까, 아이가 셋이라 버거우니까, 어머니랑 함께 살아서 스트레스가 많으니까 등등의 이유를 붙여 가며 합리화시켰다. 아이들은 자꾸 크는데 내 마음은 전혀 커지지 않았고 못난 엄마의 말투, 행동들이 고스란히 드러날 때마다 두려움이 밀물처럼 밀려왔다. 내가 아이들을 망치면 어떡하지, 이렇게 소중한 아이들과의 관계가 상처투성이가 되면 어떡하나 두려워지기 시작할 때 미라클 베드타임을 알게 되었다. 오로지 멘토의 격려와 코칭에 따라 엄마인 내가 달라지려 노력했고 아이들의 수면 습관을 행복하게 하기 위해 노력했다. 그렇게 엄마가 변하니까 아이들이 저절로 변하는 기적을 맞이했다. 그날 해야 할 숙제를 미루지 않고, 서로가 서로에게 공부도 시켜주고 셋이 잠자리에 누워 그날 하루 어땠는지 한 줄 이야기를 나누고 내일을 미리 준비하는 꿈 같은 일상이 나에게 기적처럼 생겨났다. 나는 이제 일하는 엄마로서 갖고 있던 죄책감을 내려놓고 엄마로서의 행복을 찾고 나의 꿈을 찾아가는 선물 같은 시간들을 얻었다. 미라클 베드타임은 단순히 아이와의 관계를 개선하는 코칭이 아니었다. 엄마라는 역할을 통해 아이와 함께 성장하고 내 삶을 행복하게 찾아가도록 돕는 나침반이었다.

새벽 기상의 기적

5세, 8세 남매 엄마, 요가 강사 김여진

미라클 베드타임을 만나기 전 몸과 마음이 엉망이었다. 나이 서른이 되어 결혼했지만 아무것도 모르고 결혼, 임신, 출산, 육아를 치렀고, 이민1.5세대 시댁까지 감당하면서 너무나 힘든 시간을 보냈다. 그러다 둘째까지 낳아 키우면서 그동안 참았던 화를 첫째 아이에게 퍼부었다. 둘째를 어린이집에 보내고 나서야 첫째가 보이기 시작했다. 아이는 짜증과 화가 많고 자신감이 없었다. 첫째와의 관계 회복을 목표로 삼고 노력할 즈음 코로나19로 가정 양육을 하게 되면서 아이와의 관계가 오히려 엉켜만 갔다. 체력과 정신력에 한계를 느끼고 아이에게 매일 소리치고 잠들기 전까지 한 번도 웃어 주지 못하는 내 자신이 너무 미워서 아이들 앞에서 펑펑 울기도 했다. 나만의 시간을 갖기 위해서라도 아이들을 빨리 재우고 싶었지만 늘 11시가 넘어야 잠들고, 아침에는 늦잠을 자니 악순환이 계속되었다. 그러다 미라클 베드타임 프로그램을 알게 되었다. 남편과의 다툼과 아이와의 트러블이 끊이질 않을 때라 신청을 하고도 우리가 정말 바뀔까? 남편은 관심 없는데 왜 나만 노력해야 하지? 라는 부정적인 생각만 앞섰다. 하지만 나의 변화에만 집중하기로 마음먹고 꾸준히 실천하면서 서서히 미라클 베드타임에 적응해 갔다. 잠자기 전 수면 루틴을 하면서 아이에게 책도 읽어 주고 오일 마사지도 해주자 아이가 미소를 보이기 시작했다. 휴대폰만 보던 남편도 어느새 함께 아이를 재웠다. 그렇게 서서히 조금씩 가족 모두가 변해 갔다. 아이들 잠드는 시간이 조금씩 당겨지면서 내 마음도 조금씩 회복되었다. 가장 중요한 아이와의 관계를 위해 아이를 더 웃게 해주려고 노력하자 아이와의 다툼이 조금씩 줄었다. 어떤 날은 바로 반성하고 잠들기 전 미안하다고 사과를 해야 하는 날도 있었지만, 큰소리 한번 내지 않고 지나가는 날도 많아졌다. 미운 감정이 쌓였던 남편이지만 출퇴근 시간마다 반기며 인사하자 부부 관계도 조금씩 좋아졌다. 새벽 기상으로 나만의 미타임을 가지게 되면서 이제는 정말 행복하다는 느낌이 든다. 나를 돌보는 시간이 생기자 하고 싶은 일들이 보이기 시작했고, 아이와 남편에게 감사하다는 마음도 든다. 앞으로의 목표도 생겼다. 이 모든 과정이 미라클 베드타임을 실천하지 않았다면 상상도 못할 일이다. 그러기에 지금도 하루하루 실천하며 열심히 사는 중이다.

잘 잤니? 오늘도 좋은 하루 보내자

7세, 8세, 10세 남매 엄마, 하브루타 마인드맵 강사 김민

　우리 집은 큰아이가 알람이었다. 그런데 그 알람이 온 가족의 신경을 건드렸다. 아침부터 큰아이의 짜증과 신경질 섞인 목소리를 들으면 다른 가족들의 아침 시간 역시 짜증과 신경질로 시작되었다. 한 명이 울면 나머지 아이도 울기 시작했다. 잠들 때도 비슷했다. 일찍 재우는 것이 아이들 성장에도 도움이 된다는 것은 알았지만 그 과정이 무척 힘들었다. 온갖 협박과 무서운 말들을 하면서 죄책감에 시달리는 날도 많았다. 그렇게 아이들을 재우고 나면 진이 빠지고, 자괴감에 시달리기 일쑤였다.

　이런 삶을 바꿔 보고 싶었다. 방법을 찾고 싶었다. 그러던 차에 미라클 베드타임 프로그램에 참여하게 되었다. 9시에 잠들며 서로 힘 빼는 일이 줄었고 9시 취침을 지키면서 생활 습관이 꽉 잡히게 되었다. 아이들은 해야 할 일과 하고 싶은 일을 구분해서 실천하고 있다. 가장 큰 변화는 아침의 알람이다. 아침 알람이 사랑의 인사로 바뀌었다. 침대에서 일어나 자리를 정리하고 포옹하며 〈잘 잤니? 오늘도 좋은 하루 보내자〉라며 인사한다.

　잠드는 시간은 비슷하지만 그 시간이 무척 즐거워졌다. 마사지를 하고 좋아하는 자장가를 들려주고 좋은 꿈꾸라고 인사하며 키스와 포옹을 한다.

무엇보다 나의 마음이 편안해지면서 가정의 분위기가 부드럽게 바뀌었다. 남편과의 사이는 더 좋아졌다. 9시에 재우는 것이 실제로는 어려운 일이라던 남편이 이제는 먼저 나서서 미라클 베드타임을 실천하고 있다. 아이들과도 서로 마음을 터놓고 편안히 이야기한다.

9시에 아이들이 편안히 잠들고 나면 그 이후는 내가 성장하는 시간이다. 이전에는 연년생 삼남매를 도움 없이 키우며 아르바이트도 하고, 남편도 챙기느라 〈시간이 없다〉고만 생각했다. 하지만 지금은 같은 상황에서 운동도 하고, 읽고 싶었던 책도 읽고, 작가가 되고 싶다는 꿈도 꾸고 강의도 하게 되었다. 엄마가 아닌 〈나〉로 꿈이 생기니 아이들과의 시간도 더 감사하며 즐겁다.

시간 관리, 아이들 교육, 엄마의 성장에 대해서 물어보는 분들에게 가장 먼저 추천하는 것이 바로 미라클 베드타임이다. 아이들의 삶뿐만 아니라 엄마의 삶도 매일 성장하게 하는 미라클 베드타임이 모든 가정에 알려지면 좋겠다.

〈미라클 베드타임〉이 부모와 자녀 사이에 믿음을 선물하는 시간이 되길

〈줄탁동시啐啄同時〉란 말을 떠올리며 그 안에 담긴 뜻을 상기하곤 한다. 알 속의 병아리가 껍질을 깨뜨리고 나오려 안에서 쪼기 시작하면 어미 닭도 밖에서 쪼아 깨뜨린다는 고사성어인데, 자녀와 부모가 제때 서로 안팎에서 호응할 때 교육의 효과가 극대화된다는 뜻이기도 하다. 자녀가 먼저 쪼기 시작하면 아이 스스로가 준비되었다는 신호로 알아듣고 부모가 밖에서 도와줘야 한다는 것이 핵심인데, 문제는 아이가 준비될 때까지 마냥 기다리는 게 부모로서 쉽지 않다는 것이다.

자녀는 한 인간으로 태어나 평생 끊임없이 두드리고 깨뜨리며 때로는 지겹도록 꾸준히, 때로는 고통스러우리만큼 우직하게 자신만의 인생을 스스로 만들며 살아가야 한다. 부모는 아이가 스스로 알을 깨는 노력을 기울여야 한다는 것을 앞서 몸소 보여 주며 기다려야 한다.

휴대폰도 없던 그 시절, 사랑하는 애인을 기다렸던 기억이 있다. 아무리 오랜 시간 기다려도 반드시 올 것이란 믿음이 있으면 그 시간이 고통스럽지 않다. 만났을 때의 순간을 상상하며 오히려 행복하기까지 하다. 하지만 상대방에 대한 믿음이 충분하지 않고, 둘 사이에 신뢰가 없다면 계속 주변을 돌아보며 언제쯤 오려나 불안한 마음을 애써 아닌 척 감추며 초조해할 뿐이다. 믿음이 있으면 기다림은 즐겁지만, 믿음이 없으면 기다림은 괴롭다.

부모와 자녀 사이도 그렇다. 어떻게 하면 다그치거나 재촉하지 않고 즐겁게 기다릴까? 바로 〈믿음〉이다. 믿음이란 보이지 않아도 그 사실이 진실임을 확실하게 아는 것이다. 어떻게 하면 그런 믿음이 생길까? 아이가 좋은 생활 습관을 가지고 있고, 시간을 잘 지키는 연습을 꾸준히 해왔다면 부모의 마음에 믿음이 생긴다. 이 〈미라클 베드타임〉이 단순히 아이를 일찍 재우는 생활로만 그칠 게 아니라, 부모와 자녀 사이에 믿음을 선물하는 시간이 되길 바란다.

내 아이가 시간의 개념을 가지고 있으며 좋은 습관을 가졌다는 믿음이 있다면 부모로서 견뎌야 하는 수많은 기다림의 시간은 고되지 않다. 하지만 아이에게 좋은 습관이 없다면 부모는 믿으려고 한껏 힘주다가도 이내 못마땅한 마음이 들어서 또다시 무너진다. 그러고는 또 애쓰고 또 무너지는 삶을 반복한다. 중국의 문호 바진은 이렇게 말했다.

「자녀의 성공적 교육은 좋은 습관을 갖게 하는 것으로 시작한다.」

잘 가르치고 싶을수록, 내 아이가 꽃 피울 시간을 기다릴 수 있는 믿음의 관계를 먼저 쌓아 가면 좋겠다.

이 책을 통해 누구든 루틴을 만들고 생활 습관을 개선해 나갈 수 있도록 많은 노하우를 담았다. 부디 많은 독자가 변화와 기적을 느꼈으면 좋겠다. 세월이 훨씬 지나서라도 좋다. 〈미라클 베드타임〉 덕분에 아이들이 건강하게 자랐고 가족 모두의 조화로운 성장이 시작되었다는 소식을 듣는다면 더없이 기쁘고 감사할 것이다.

〈베아티투도〉라는 라틴어가 있다. 베오는 〈행복하게 하다〉라는 뜻이고, 아티투도는 〈태도나 자세, 마음가짐〉을 의미한다. 즉, 태도나 마음가짐에 따라 행복해질 수 있다는 말이다. 우리 아이들 그리고 우리 아이들과 함께 더불어 살아갈 모두의 아이들이 좋은 습관을 자양분 삼아 바른 태도를 가지고 건강하고 올바른 성인으로 자라면 좋겠다.

감사드리고 싶은 분이 너무 많다. 무엇보다 〈미라클 베드타임〉의 가치를 알아보고 동참해 준 미베타 엄마들에게 감사의 인사를 드리고 싶다. 그분들의 믿음과 실천이 없었다면 미라클 베드타임은 애초에 한 가정에만 머물러 있었을 테니까. 끝으로 나의 세 아이들에게 고마운 마음을 전한다.

2021년 봄

김연수

미라클 베드타임

아이의 미래가 달라지는 기적의 취침 습관

ⓒ 김연수, 2021

초판 1쇄 발행 2021년 3월 9일
초판 2쇄 발행 2022년 2월 15일

지은이 | 김연수
발행인 | 장인형
임프린트 대표 | 노영현
책임편집 | 김미정

펴낸 곳 | 다독다독
출판등록 제313-2010-141호
주소 서울특별시 마포구 월드컵북로4길 77, 3층
전화 02-6409-9585
팩스 0505-508-0248
이메일 dadokbooks@naver.com

ISBN 978-89-98171-99-5 03590